中华精神家园
信仰之光

淡定人生

禅宗历史与禅学文化

（上）肖东发 主编 杨国霞 编著

吉林出版集团
北方妇女儿童出版社

图书在版编目（CIP）数据

淡定人生 / 杨国霞编著. —长春：北方妇女儿童
出版社，2015.1
　（中华精神家园）
　ISBN 978-7-5385-8237-6

　Ⅰ．①淡… Ⅱ．①杨… Ⅲ．①人生哲学－通俗读物
Ⅳ．①B821-49

　中国版本图书馆CIP数据核字（2015）第007711号

淡定人生：禅宗历史与禅学文化
DANDINGRENSHENG: CHANZONG LISHI YU CHANXUE WENHUA

出 版 人	刘　刚	
主　　编	肖东发	
编　著	杨国霞	
责任编辑	王天明	
开　本	710mm×1000mm　1/16	
印　张	11	
字　数	152千字	
印　刷	北京兴星伟业印刷有限公司	
版　次	2015年5月第1版第2次印刷	
出　版	北方妇女儿童出版社	
发　行	北方妇女儿童出版社	
地　址	长春市人民大街4646号	
	邮　编：130021	
电　话	总编办：0431-85644803	
	发行科：0431-85640624	
定　价	40.00元（上、下）	

　　党的十八大报告指出：“文化是民族的血脉，是人民的精神家园。全面建成小康社会，实现中华民族伟大复兴，必须推动社会主义文化大发展大繁荣，兴起社会主义文化建设新高潮，提高国家文化软实力，发挥文化引领风尚、教育人民、服务社会、推动发展的作用。”

　　我国经过改革开放的历程，推进了民族振兴、国家富强、人民幸福的中国梦，推进了伟大复兴的历史进程。文化是立国之根，实现中国梦也是我国文化实现伟大复兴的过程，并最终体现在文化的发展繁荣。习近平指出，博大精深的中国优秀传统文化是我们在世界文化激荡中站稳脚跟的根基。中华文化源远流长，积淀着中华民族最深层的精神追求，代表着中华民族独特的精神标识，为中华民族生生不息、发展壮大提供了丰厚滋养。我们要认识中华文化的独特创造、价值理念、鲜明特色，增强文化自信和价值自信。

　　如今，我们正处在改革开放攻坚和经济发展的转型时期，面对世界各国形形色色的文化现象，面对各种眼花缭乱的现代传媒，我们要坚持文化自信，古为今用、洋为中用、推陈出新，有鉴别地加以对待，有扬弃地予以继承，传承和升华中华优秀传统文化，发展中国特色社会主义文化，增强国家文化软实力。

　　浩浩历史长河，熊熊文明薪火，中华文化源远流长，滚滚黄河、滔滔长江，是最直接源头，这两大文化浪涛经过千百年冲刷洗礼和不断交流、融合以及沉淀，最终形成了求同存异、兼收并蓄的辉煌灿烂的中华文明，也是世界上唯一绵延不绝而从没中断的古老文化，并始终充满了生机与活力。

　　中华文化曾是东方文化摇篮，也是推动世界文明不断前行的动力之一。早在500年前，中华文化的四大发明催生了欧洲文艺复兴运动和地理大发现。中国四大发明先后传到西方，对于促进西方工业社会发展和形成，曾起到了重要作用。

中华文化的力量，已经深深熔铸到我们的生命力、创造力和凝聚力中，是我们民族的基因。中华民族的精神，也已深深植根于绵延数千年的优秀文化传统之中，是我们的精神家园。

总之，中国文化博大精深，是中华各族人民五千年来创造、传承下来的物质文明和精神文明的总和，其内容包罗万象，浩若星汉，具有很强文化纵深，蕴含丰富宝藏。我们要实现中华文化伟大复兴，首先要站在传统文化前沿，薪火相传，一脉相承，弘扬和发展五千年来优秀的、光明的、先进的、科学的、文明的和自豪的文化现象，融合古今中外一切文化精华，构建具有中国特色的现代民族文化，向世界和未来展示中华民族的文化力量、文化价值、文化形态与文化风采。

为此，在有关专家指导下，我们收集整理了大量古今资料和最新研究成果，特别编撰了本套大型书系。主要包括独具特色的语言文字、浩如烟海的文化典籍、名扬世界的科技工艺、异彩纷呈的文学艺术、充满智慧的中国哲学、完备而深刻的伦理道德、古风古韵的建筑遗存、深具内涵的自然名胜、悠久传承的历史文明，还有各具特色又相互交融的地域文化和民族文化等，充分显示了中华民族厚重文化底蕴和强大民族凝聚力，具有极强系统性、广博性和规模性。

本套书系的特点是全景展现，纵横捭阖，内容采取讲故事的方式进行叙述，语言通俗，明白晓畅，图文并茂，形象直观，古风古韵，格调高雅，具有很强的可读性、欣赏性、知识性和延伸性，能够让广大读者全面触摸和感受中国文化的丰富内涵，增强中华儿女民族自尊心和文化自豪感，并能很好继承和弘扬中国文化，创造未来中国特色的先进民族文化。

2014年4月18日

思想滥觞——禅法起源

一脉相传——禅宗传承

佛法无边——禅学弘传

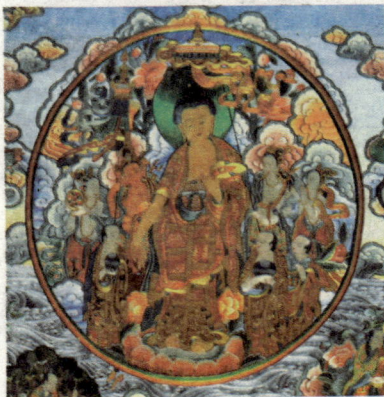

一花五叶——禅宗门派

禅法起源

大约公元前后两汉之际，佛教由古印度正式传入我国，自此佛教在我国传播开来。佛教中关于"禅"的思想也由此开始了发展衍变。

我国禅宗的出现，是我国古代佛教徒对古印度传来佛教思想的创新结果，体现了我国传统思想文化同印度宗教学说的融合与吸收。南天竺高僧菩提达摩祖师是我国佛教禅宗的初祖，他开创了我国禅宗一脉，之后，他把禅宗衣钵传给弟子慧可，于是绵延不绝的禅宗历程由此开始。

早期的依教修心禅

释迦牟尼佛像

我国东汉末年，西域安息国太子安世高只身东来。当时正值中原动荡，安世高避祸江南，弘扬佛法并翻译佛经，成为将小乘佛教带入我国的第一人。

其实，在安世高来中原之前，佛教就已经传入我国，并且已经有了一定的影响。那时的佛教信徒对于佛教的了解还很肤浅，主要还是把它当作一般的方术，以祈求福佑并希望借以满足一些现实需求。

随着来到汉地的僧人增多，信徒们已经知道，域外僧徒有一

种被称为"禅"的修行方法，大家都觉得很神奇，也希望自己能如法修行，但就是不知道怎样进行。

■ 燃灯佛授记释迦画卷

在这种情况下，安世高根据信徒的需求和自己的学问所长，译出了早期的一批佛经，主要有《安般守意经》、《阿毗昙五法四谛》、《十二因缘》、《禅行法想》、《阴持入经》、《修行道地经》等。其中的《阴持入经》，是提倡由禅定退治烦恼，由戒、定、慧三学控制贪、瞋、痴三毒之方法的小乘经典。

"禅"一词，本是梵文"禅那"的略称，其意译为静虑、思维修等，即安静地坐在那儿，集中思虑，排除杂念，沉思默想。通过精神高度集中，使心的思虑集中到某一点，从而达到内心宁静，不受外界各种因素干扰的作用，属于一种精神和意念的修炼方法。

佛陀全部佛学，可以概括为戒、定、慧三学。其中"定"，梵文音译为"三昧"或"三摩地"，意为

《阴持入经》
东汉佛教学者安世高翻译的佛经，被认为是最能代表安世高系的禅经，重视概念的推演，透过对佛教基本概念的论述以表达禅法思想，主张通过止息杂念与斩除烦恼以得到智慧，使人从无明与爱欲中得到解脱。其禅定与禅观之论，为我国禅学思想之初传。

"等持"，就是指集中全部精神，使心专注于一境而不散乱。佛教认为这是获得正确的认识和智慧的先决条件。

禅的修行方法就属于定的内容。由于禅与定有着密切的联系，因此，在我国佛教中往往将两者合称为"禅定"。

佛陀的"慧"指智慧，这里所说的慧是一种宗教智慧，是通过宗教修炼、内心的体验和证悟，才能得到的佛教的最高智慧，即宇宙的终极真理。这种宗教智慧，能使修持者断除烦恼，得到解脱。

"禅"是静虑之意。"静"即寂静，就是止、定的意思，也就是止息杂想，心注一境；"虑"即思虑、审虑，也就是观、慧的意思。这样，"禅"就包括了止和观，也即"定"和"慧"两个方面。

安世高翻译讲授的《安般守意经》专门介绍安般禅，即数息修禅。数息修禅，也可称为数息观，为佛陀所教导的禅定修

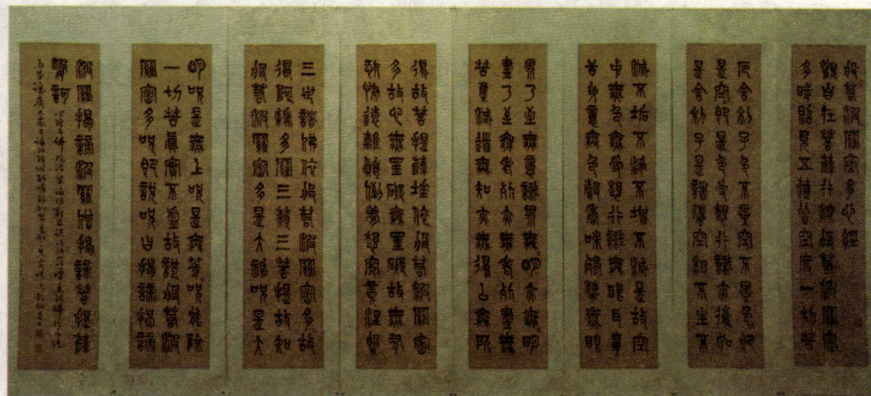

行法门之一。"安般"指呼吸，就是佛家所说的"守意"，即为守持自己的意念，专注于一心而不散乱的意思。它是用数息的方法，令烦躁不安的散乱之心慢慢平复下来。

由于这种要求调息止意的修行方法，与当时道家提倡的导气、守一吐纳呼吸功在形式上有些类似，所以成为当时流行的一种禅法，传习者也很普遍。

安世高禅学主旨在修炼精神，守意明心。他认为"心"本身是极其微妙的，但由于"五蕴"积聚而形成的形体，使"心"产生了意念，纷繁的意念又使人怀有各种欲望，从而遮蔽了"心"的本来面目。好像明镜被蒙上了污泥尘垢，失去了本来的明亮和清澈，只有擦去镜上的泥垢，才能恢复明镜本来的明亮。

同样，只有通过不断的修炼，澄清一切意念欲望，如同擦去明镜上的污垢，才能使"心"复明，复归于本然。所以，这种禅法是以专注一心而求明心去垢的精神修炼。

禅法传入我国初期，一方面凭借佛法的理念解

005
思想滥觞
禅法起源

道教 我国土生土长的固有宗教。道教以"道"为最高信仰，追求自然和谐、国家太平、社会安定、家庭和睦，充分反映了我国古人的精神生活、宗教意识和信仰心理。对我国的学术思想、政治经济、文学艺术、科学技术、伦理道德、思维方式、民风民俗、民间信仰等方面都产生了深远的影响。

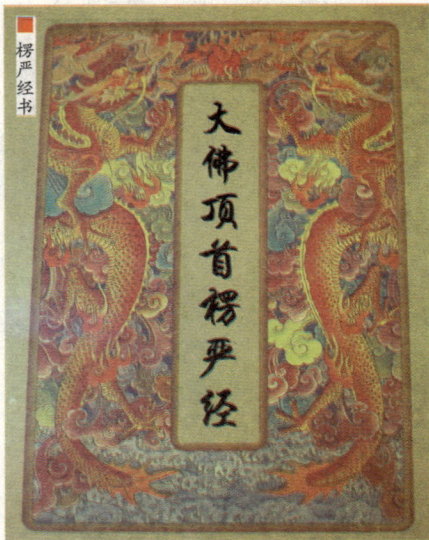

脱，吸引徒众，另一方面也借助其神秘的定力、奇异神通，增加其吸引力。

后汉末年，西域大月氏僧人支娄迦谶来汉译出《首楞严三昧经》，弘扬念佛三昧法门。由此，我国开始有了念佛禅的概念。念佛禅就是指为修习禅定而念佛的法门。

大乘佛教扩大了禅的范围，不再拘泥于固定的静坐形式。大乘禅的种类很多，其中主要的是念佛禅和实相禅。

至两晋时期，佛教很盛，译经和传禅的人很多。当时，成就大而影响深的有竺法护、慧远禅师、鸠摩罗什法师和跋陀罗。

竺法护，梵名昙摩罗刹，西晋僧人，世居敦煌郡，8岁出家，拜印度高僧为师，随师姓"竺"，具有过目不忘的能力，读经能日诵万言。

竺法护博学强记，刻苦践行，深深感觉到当时佛教徒只重视寺庙图像，而忽略了西域大乘经典的传译，实是缺憾。因此发心弘法，随师西游。

竺法护通晓了西域的36种语言文字，搜集大量的经典原本，译出了150余部经论。184年，竺法护在敦煌译出《修行地道经》7卷、《阿唯越致遮经》3卷；186年，在长安译出《持心梵天经》4卷、《正法华经》10卷、《光赞般若波罗蜜经》10卷；189年，在洛阳译出《文殊师利净律经》1卷；294年，在甘肃酒泉译出《圣法印经》1卷；297年，在长安译出《一切渐备智德经》5卷等。

竺法护的译本，有般若经类、华严经类、宝积经类、大集经类、涅槃、法华经类、大乘经集类、大乘律类、本生经类、西方撰述类等，种类繁多，几乎包括了当时西域流行的重要的佛教典籍，这就为大乘佛教在我国的传播打开了广阔的局面。

到了东晋时期，当时的道安法师是一位得道高僧，他在佛教领域里的贡献是多方面的。关于禅学，道安对安世高所传的小乘安般守意禅十分重视，曾经撰有《安般注序》、《十二门经序》等有关禅学经典的注序多篇，而这些禅学经典又多是由安世高翻译介绍过来的。

道安所著的这些经序，反映了他对于禅学和禅修的看法。道安认为安般守意是修行达道的必要途径。他认为安般守意的禅法修行过程中，有六阶四级之别，也就是说，要经过六个阶段、四个等级循序渐进修行，才能最终达到"无为"、"无欲"的境界。这是一种以般若思想和禅学修行相结合的禅观。

道安（314年~385年），东晋时期杰出的佛教学者。道安重视般若学，一生研讲此系经典，同时重视戒律，搜求戒本至勤，又注意禅法。他使原本零散的佛学思想，得以较完整的面目呈现于世，因此被视为汉晋间佛教思想的集大成者。

■庐山东林寺大门

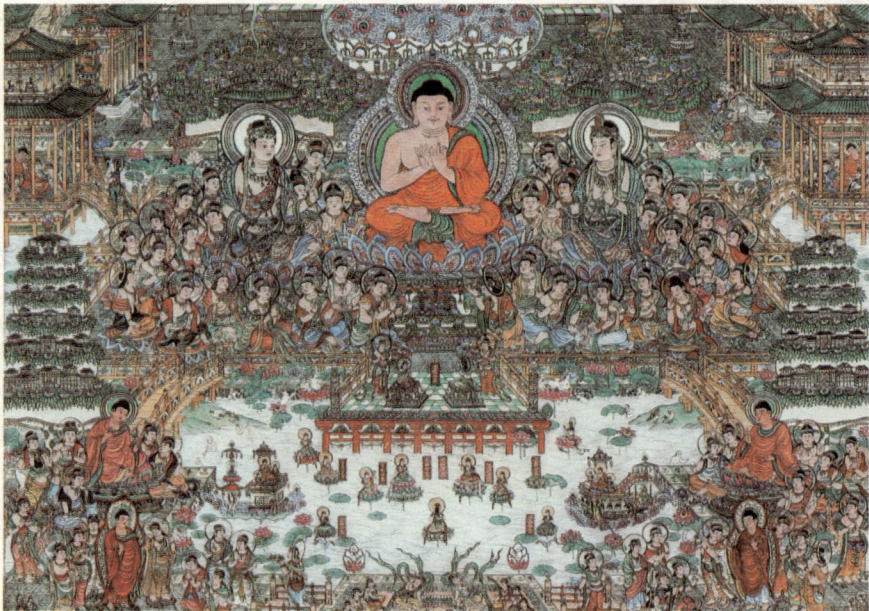

《观无量寿经图》局部

淡定人生

禅宗历史与禅学文化

北魏（386年～557年），是由鲜卑拓跋氏建立的封建王朝，是南北朝时期北朝第一个朝代，又称拓跋魏、元魏。534年，北魏分裂为东魏与西魏。550年，北齐建立。557年，北周建立，北魏历史结束。北魏时期，佛教兴起，佛教得到空前发展。

跟随道安法师修行的有一个弟子叫慧远。慧远精读佛学经典，并能够倾心领会其中的玄妙义理，很快对佛教禅理的领悟就非同一般了。他的师父道安大师常常赞叹说："使佛道流布中国的使命，就寄托在慧远身上了！"

慧远专心念佛禅。381年，慧远大师率弟子路过庐山，发现庐山是修行的好地方，遂决定在此弘法。

江州刺史桓伊于386年在庐山东建东林寺，慧远就以东林寺为道场修身弘道，著书立说。

402年7月，慧远在东林寺创莲社。莲社共123人，他们在般若台精舍弥陀佛像前，建斋立誓，专修念佛三昧，共期往生西方。

慧远大师所创莲社以修念佛三昧为主，其所依据的经典是《无量寿经》与《般舟三昧经》。《无量寿经》所示"发菩提心，一向专念阿弥陀佛"，乃是慧远及莲社众人共修的纲宗。

慧远大师居庐山30年，未曾下山，送客亦足不过虎溪。其参禅念佛，不是口唱念佛，而是一心专念，他弘扬念佛禅而开禅净合一之端，遂成为了后世念佛禅之祖。

慧远大师之后，专心念佛禅者有昙鸾、善导等僧人。昙鸾法师本为北魏人，因求长寿之术，来到南朝梁地，在洛阳遇到菩提流支法师。菩提流支法师授予他《无量寿经》，并告诉他依此修学必得长寿。昙鸾法师遂专修《无量寿经》，并广为弘传。

隋代道绰法师原修习禅定，因读昙鸾法师遗著，遂决定专修净土，持久念佛。此念佛法门唐代善导法师弘扬最盛，后为日本净土宗所继承。

后秦时期，天竺高僧鸠摩罗什应邀来到长安译经弘法。在长安，鸠摩罗什翻译了大量佛经，其中有《中论》、《百论》、《十二门论》、《般若经》、《法华经》、《大智度论》、《维摩经》、《华手经》、《阿弥陀经》、《无量寿经》、《坐禅三昧经》等。

鸠摩罗什翻译的《禅法要略》开启了实相禅法。实相禅是把禅法和空观联系起来，即在禅观中既要看到一切事物的空性，又要看到事物的作用。

将实相禅应用到实地修行的有北齐

■ 鸠摩罗什雕像

后秦（384年~417年），十六国之一，羌族政权，又称姚秦。前秦龙骧将军姚苌所建，建都长安，即今陕西西安。极盛时辖有今陕西、甘肃、宁夏及山西、河南的一部分，占据关中多数的重要政治、经济城镇和关东大片领土。历3主，共34年。

禅师慧文、慧思等。慧文禅师学徒数百，他依《中论》、《大智度论》而修禅。《中论》从空、假、中的理境上修止观；《大智度论》倡导"三智一心"，即诸法实相，亦即实相禅。

慧思跟从慧文修学，得初禅，后忽然悟入法华三昧，深达实相，遂在南朝弘法实相禅。

与鸠摩罗什差不多同时在长安传授禅法的，还有佛陀跋陀罗，即觉贤。他所传的则是流行于西域地区的大乘佛教说一切有部的禅法。

据《出三藏记集》卷十二的《萨婆多部记目录》记载，佛陀跋陀罗是有师承的著名禅师。他来长安时，正值鸠摩罗什在西明寺译经。

在当时，佛陀跋陀罗所传的禅法，已经在长安产生了一定的影响。但他所传的小乘有部禅法，与鸠摩罗什所传的大乘菩萨禅有很大区别。因此，佛陀跋陀罗与鸠摩罗什门下产生了矛盾，最后不得不于410年带领弟子慧观等人离开长安，来到江南。

佛陀跋陀罗翻译的禅经，主要有《修行方便禅经》，这是一切有部的重要禅经。此经以数息观、不净观、界分别等"五停心观"对治贪、瞋、痴、慢等。其中特别强调数息观与不净观，将此二者称之为"二甘露门"，加以详细说明。

《修行方便禅经》中要求修行者通过循序渐进，渐渐开导迷蒙，最后达到"原妙反终，妙寻其极"的效果。它比以前所流行的安系禅经更加组织化、系统化。因此，此经一译出，就受到相当的重视。

这几种禅法大体上都是依佛教经典而修，故名"依教修心禅"，这些禅法都离不开如来佛典，可称为如来禅。它不同于师徒授受、以心传心、不立文字的"祖师禅"，与有一定宗旨、道场、道风、传承的禅宗，有很大的距离，但它又为汉地禅宗的创立奠定了基础。

后来的汉地禅宗主定慧双修。定而无慧，易走火入魔，陷入邪定；慧而无定，则不能成就功德，无法真正得到解脱。依《中论》、《大智度论》、《法华经》、《维摩经》而修实相禅，为定慧结合提供了理论的可能。

上述早期依教修心禅在中原的传播，对后来达摩来汉地创立的禅宗做了必不可少的准备工作，对汉传佛教的传扬产生了历史性的影响。

阅读链接

安世高是东汉末年西域安息国的太子，他年幼时以孝行闻名，聪敏好学，深知世间疾苦，并精通各国典籍。有一次，他走在路上，仰头看见一群飞翔的燕子，忽然转身告诉同伴说："燕子说，等会儿一定有送食物的人来。"不久，他的话果真应验了，众人都感到非常奇异，这件事使他名震西域。

安世高的青少年时代，国内政治斗争尖锐复杂。他对统治集团的奢侈腐化和尔虞我诈深感厌倦，所以蔑弃荣华富贵，服膺佛教，虽然居于王宫，却自觉地严格尊奉佛教戒律，并时常举行法集宣讲佛理，同时尽力向佛寺施舍。

达摩东来汉地开禅宗

达摩石刻

在我国南朝梁武帝时，印度禅宗第二十八祖师菩提达摩为了传播佛法，带领一行人远涉重洋，在海上颠簸三年之后，终于到达了我国南海。

菩提达摩，又称菩提达磨，意译为觉法，原名叫菩提多罗，成年之后依照习俗更名为达摩多罗，简称达摩。据说他是南天竺香至王的第三子，属刹帝利种姓，也有说属婆罗门种姓，还有的说是波斯人。

达摩自小就聪明过人，因为香至王对佛法十分虔诚，因此从小达摩就能够遍览佛经，而且在交谈中会有精辟的见解。

在达摩成长的过程之中，禅宗第二十七代祖师般若多尊者游历天竺国时，一路弘扬佛法教化众生。达摩被般若多尊者普度众生的理想，以及丰富的佛学智慧所吸引，就拜在般若多尊者的门下，成为禅宗的门徒。

达摩出家后，发愿要将当时印度分裂的佛法思想统一起来，使佛法在印度振兴起来。有一天，他向师父般若多尊者求教："我得了佛法以后，该往哪一国去做佛事呢？听您的指示。"

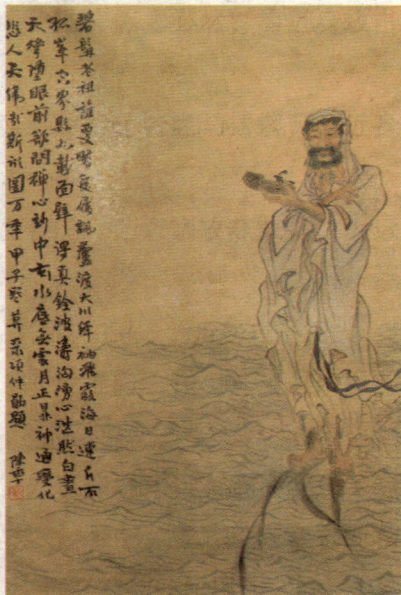

■ 达摩渡江（古画）

般若多尊者说："你应该去震旦。"然后又说，"你到震旦以后，不要住在南方，那里的君主喜好功业，不能领悟佛理。"震旦指的就是中国。

达摩遵照师尊的嘱咐，准备好行李，驾起一叶扁舟，乘风破浪，漂洋过海，用了三年时间，历尽艰难曲折，来到了广州。

那个时候，南方正处于梁武帝萧衍执政时期，梁武帝是个笃信佛教的皇帝。在他执政的48年内，国内平静无战事，长江流域进入经济文化的发展时期，佛教也因此达到鼎盛。

据统计，梁朝的佛寺多达2846座，僧尼有82万人。佛经翻译、佛教诗文、绘画、造像，都有了相当的发展。后来唐代诗人杜牧在《江南春绝句》中描

梁朝 我国历史上南北朝时期南朝的第三个朝代。公元502年，梁王萧衍正式在建康称帝，史称梁武帝，国号定为大梁。他即位以后厉行俭约，令南梁前期国势颇盛。然而，武帝过于信奉佛教，曾三次出家为僧，又大建佛寺及翻译佛经，令佛教大盛，可是佛事太过损害经济，令梁朝国势开始衰弱。

梁武帝萧衍

刺史 亦称州牧。我国古代官职名。汉文帝以御史多失职，命丞相另派人员出刺各地，于是产生了刺史这一官职。"刺"，检核问事之意。刺史巡行郡县，汉时分全国为13州，各置郡刺史一人，后通称刺史。刺史制度是我国古代重要的地方监察制度，对于加强中央对地方的监督和控制，发挥了重要作用。

写南朝佛教中心京都建康（今江苏南京）佛寺之盛时这样说："南朝四百八十寺，多少楼台烟雨中。"实际上当时的建康建有佛寺500所。

达摩来到广州以后不久，广州刺史萧昂备设东道主的礼仪，欢迎达摩，并且上表奏禀梁武帝。

梁武帝原本笃信佛教，听到这件事，立即派使臣把达摩接到京都，为其接风洗尘，以宾客之礼相待。

在席间，梁武帝问达摩："朕继位以来，营造佛寺，译写经书，度人出家不知多少，有什么功德？"

达摩说："并没有功德。"

梁武帝大惑不解，问道："为什么没有功德？"

达摩说："这些只是世间的福德，因为福德与功德不同，外修诸善事的只是福德，倘若不能自己内证得自性即是无功德。"

梁武帝又问："那怎样才是真功德呢？怎样才能修行成佛？"

达摩说："洁净圆满的得道者才算是有功德。功德原本在法身中，不在修福的事上求。功德是要靠内心修炼，明心见性，方成正果。心若背觉合尘即是众生，心若背尘合觉即是佛，从而达到精神永驻、万劫不变的最高境界。"

达摩见梁武帝还没有明白，又进一步解释说："一句话，心即是佛，佛在心中。功德是要靠内心修炼，明心见性，方成正果。"

梁武帝似乎还没有明白，于是又问："得道高僧至高无上的真理圣谛，什么是圣谛第一义？"

达摩说："境本非境，界也无界，世界本是空廓无相，也无圣道存在的境界。"

梁武帝茫然不知所云，又问："既然无圣，那么现在与朕说话的人是谁？"

在达摩的眼中，空无一物，哪有什么皇帝。因此，达摩答道："不知道。"

这是充满禅机智慧的回答，意思是说，我本非我，你也非你，世界本来便是空寂、圆融、清静、妙密的无相。

梁武帝缺乏悟性，没有领悟到达摩的话中禅理。达摩自知无法度化这位皇帝，便告别回到驿馆。

几天后，达摩悄然走出城去，来到了长江边，渡江北上来到了北魏都城洛阳。在洛阳，达摩来到了永宁寺，在看到永定寺十分精美的宝塔后，叹为各国所无，由此合掌连日。之后，达摩手持禅杖，信步而行，见山朝拜，遇寺坐禅。

这一天，达摩来到河南嵩山少林寺。他看这里群山环抱，森林

梁武帝（464年～549年），萧衍，字叔达，小字练儿，江苏常州人。南北朝时期梁朝政权的建立者。父亲萧顺之是齐高帝的族弟。梁武帝在位时间长达48年，在位时曾采取多种措施促进了佛教的发展。

■ 初祖达摩塑像

茂密，山色秀丽，环境清幽，心想，这真是一块难得的佛门净土。于是，他就把少林寺作为他传教的道场。

在少林寺，达摩广集僧徒，首传禅宗。自此以后，达摩便成为中国佛教禅宗的初祖，少林寺被称为中国佛教禅宗祖庭。

由于达摩经常长时间面壁修习禅定，共计9年，人们不知道他葫芦里卖的什么药，就管他叫"壁观婆罗门"。

达摩在传教时，跟随他的弟子有很多，知名者说法不一，其中，道育、慧可、僧副、昙林、尼总持等是各种典籍中所同认的。

道育也叫慧育，原先叫道房，为人朴实，他受道的方式是采取心行，而不立言语文字。

慧可跟随达摩参禅悟道6年，后接受了达摩禅宗衣钵，成为禅宗代表性人物之一。

僧副，俗姓王，太原祁县人，精于禅定。受到达摩的教诲后，长期保持着生死随缘的生活，其思想与达摩是一致的。

昙林又称昙琳、法林。昙林曾编辑师尊菩提达摩的《略辨大乘入

■ 少林寺石牌坊

道四行》，还撰写了序文。他博学善讲，在邺都常讲《胜鬘经》。

尼总持原本是山西怀州王屋山飞云岭人，姓冯名新萍，是个猎户的女儿。她与达摩的弟子道育关系匪浅。道育曾先后两次救过冯新萍的性命，于是冯新萍决定与道育一同出家。

道育把冯新萍带进了少林寺，同拜达摩为师。因冯新萍一贯学佛认真，严持戒律，达摩遂为其取法名为尼总持。

■ 少林寺僧人壁画

后来，道育同尼总持都被师尊达摩视为高足，他们精通禅学，是禅宗得道高僧，为后人所铭记。

阅读链接

据传说，达摩和梁武帝对话后，梁武帝深感懊悔，得知达摩离去的消息后，马上派人骑骡追赶。追到幕府山中段时，两边山峰突然闭合，一行人被夹在两峰之间。达摩正走到江边，看见有人赶来，就在江边折了一根芦苇投入江中，化作一叶扁舟，飘然过江。在江北长芦寺停留后，又至定山如禅院驻锡，面壁修行。

达摩"一苇渡江"的传说在明代时被做成石刻，后被考古工作者发现于定山寺遗址中。定山寺至今留有"达摩岩"、"宴坐石"、达摩画像碑等遗迹。定山寺成为禅宗重要场所，被誉为"达摩第一道场"。

达摩祖师的禅法精要

达摩修行雕像

达摩作为印度禅宗第二十八祖师，他所传的教义精要简明，充分显示出印度大乘佛教的真面目。对于达摩的禅法，禅宗五祖弘忍的再传弟子杜朏在《传法宝纪》中曾说：

今人间或有文字称《达摩论》者，盖是当时学人随自得语以为真论，书而宝之，亦多谬也。若夫超悟相承者，即得之于心，则无所容声矣，何言语文字措其间哉！

这段话的大致意思是说，达摩是

以心传心，从来不立文字的，而且所流传的有关达摩禅的文字，是达摩的学人凭自己的理解而记录下来的，因此这些不能代表达摩的心传。

尽管如此，有些文献中还是留下了有关达摩禅的资料。敦煌本《楞伽师资记》就记载了曾受学于达摩的昙林所记的《略辨大乘入道四行及序》，较为详细地介绍了达摩"二入四行"的"大乘安心"禅法，并称"此四行是达摩禅师亲说"。

■ 达摩弘法图轴

此外，唐代学风较严谨的佛教史专家道宣撰《续高僧传·菩提达摩传》，也引用了"二入四行"的内容。故一般认为，这大致能代表菩提达摩的禅法。

达摩祖师东来我国时，我国佛教正处于由译经进入研究的阶段。佛教界偏重于教理的研讨，疏忽对生命的解脱。

达摩祖师针砭时弊，特地提出以心传心，不立文字，见性成佛，阐明佛教的本质不在经教言语，当以解脱人生为本务。

事实上，达摩的禅法渊源于佛陀释迦牟尼。相传，佛陀经常在摩揭陀国首都王舍城之东北侧的灵鹫山上，聚集众弟子演说佛法。

有一次，经常前来听闻佛陀说法的大梵天王，为

大梵天王 印度神话中世界万物的创造者。因为他善恶不分，所以既是世间万物的创造者，也是魔鬼、灾难的制造者。他高兴的时候，世间安稳，万物兴盛；他愤怒的时候，世间不安，灾难丛生，众生苦恼，就连草木也不能幸免。

■ 释迦牟尼佛的两位护法

了表示对佛陀的尊敬，同时也是为了能使众生获得更多的利益，他把一枝金色波罗花献给了佛陀。

波罗是梵语音译优波罗或优钵罗的简称，是莲花的一种。古代印度习俗，以莲花代表纯洁、高贵，因此，后来的佛教中常以莲花代表佛法。

大梵天王隆重行礼之后退坐一旁。佛陀意态安详，未发一言，拈过这枝金波罗花然后高高举起，向与会大众展示。

当时在座的诸佛弟子、诸护法天王及其他前来听佛说法者，都对佛陀这一举动不解。大家面面相觑，默默无语。唯有侍立于释迦牟尼身边、一直在用心听他说法的大弟子摩诃迦叶心领神会，悟解了他的意思，便破颜微微一笑。

见此情形，佛陀已知摩诃迦叶能够担当护持佛法的大任，于是便向大众宣布："我有普照宇宙、包含万有的精深佛法，能够摆脱一切虚假表相修成正果，其中妙处难以言说。我不立文字，以心传心，于教外别传一宗，现在传给摩诃迦叶。"说完，把平素所用的金缕袈裟和钵盂授予摩诃迦叶。

表相 事物的外形和状态。佛教认为：一切事物都是在一定因缘条件下形成的，都是空幻无实的；空是一切事物的本质，虽然体现于具体的万物，然而它本身却是没有形象、没有聚散生灭、超越于一切万有之上的，难以用文字来表达。

佛陀在灵山会上拈花示众，是有深刻含意的。他要弟子们懂得掌握佛法，必须领会佛教的根本精神。这种根本精神，不是语言文字所能表达出来的，需要用"心"来感悟。

佛陀所传的其实是一种至为祥和、宁静、安闲、美妙的心境，这种心境纯净无染、淡然豁达、无欲无贪、坦然自得、不着形迹、超脱一切、不可动摇且与世长存，是一种"无相"、"涅槃"的最高的境界，只能感悟和领会，不能用言语表达。

摩诃迦叶领会了佛陀的这种思想精髓，而这种思想精神的感悟和领会就是禅。因此，佛陀把衣钵传给了他，而摩诃迦叶也就成了传承禅宗的第一代祖师。

作为印度禅宗第二十八代祖师，达摩以4卷《楞伽经》和"二入四行"的理论作为禅宗宗旨和经典依据。

达摩认为，一切众生同一佛性，为烦恼所障而不能显现，而只有《楞伽经》可以印心度世。《楞伽经》为佛说第一真实要义。它将禅分为四等，即凡夫所行禅、观察义禅、念真如禅和诸佛如来禅。其中，凡夫所行禅为小乘禅，其余为大乘禅，诸佛如来禅是诸禅的最高境界。

涅槃 佛教用语，又译为般涅盘、涅磐、波利昵缚男、泥洹等，亦译为圆寂、灭度、寂灭、无为、解脱、自在、安乐、不生不灭等。最早来自于古印度婆罗门教，指清凉寂静，恼烦不现，众苦永寂，具有不生不灭、不垢不净、不增不减的极高境界，意即成佛。

021

思想滥觞

禅法起源

■摩诃迦叶尊者

顿悟渐修 佛家用语。顿悟是对于一件事或者一个道理因为某个因素或者原因突然领悟，即有醍醐灌顶功效，豁然开朗，顿悟需要的是特定的环境和因素。渐修则不同，如静坐参禅，经过内心空灵状态下长时间的思考而领悟。

达摩告诉众多弟子：入道有很多种，要而言之，不出两种：一是理入，二是行入。"理入"也称为壁观或坐观，即是面壁静坐，以达到舍伪归真、无自无他的境界。相传，达摩曾在少林寺面壁静坐9年，终日默然。

"理入"是凭借经教的启示，深信众生同一真如本性，但为世俗妄想所覆盖，不能显露，所以要舍妄归真，修一种心如墙壁坚定不移的观法，扫荡一切差别相，与真如本性之理相符。

"入道"就是"心如墙壁"，径直趋入菩提道。入道后就会"见道"。本着悟见的道去"修道"，就是"行入"。这种先悟后修，是后来禅宗顿悟渐修说的渊源。达摩所说的"行入"，包括报怨行，即放弃一切反抗心理；随缘行，即放弃辨别是非心理；无所求行，即放弃一切要求和愿望；称法行，即依照佛教教义去行动，这样就可达到直指人心、见性成佛。

达摩还讲"四行"。"四行"是指报怨行、随缘行、无所求行、法行四种修行方式。这4种修行方式是紧密地联系在一起，是所有修行方法的概括，即达摩说的"行入四行万行同摄"。

■ 达摩面壁图轴

　　"二入"是心灵的方面的修习，而"四行"则是讲行为方面的修习。"四行"与"二入"相辅相成，共同构成了达摩禅法的基础。

　　达摩的理论和修持方式，给我国禅门吹进了一股清新之风。它不同于此前的"依教悟心禅"以经典修习禅法，因此具有划时代的开拓意义。达摩作为我国禅宗的初创者，在禅宗历史上有着崇高的地位。

阅读链接

　　自以古来作为达摩学说而传的许多著述之中，只有"二入四行说"似乎是达摩真正思想所在。对于现在流传下来的达摩《略辨大乘入道四行》，唐僧人净觉说："此《四行》是达摩禅师亲说，余则弟子昙林记师言行。"

　　昙林是达摩弟子，与慧可为同门。达摩为慧可、道育传授"大乘安心之法"时，昙林负责记录下来，这便是《略辨大乘入道四行》。据昙林的序文说，他把达摩的言行辑成一卷，名为《达摩论》。而达摩为坐禅众撰《释楞伽要义》一卷，亦名为"达摩论"。这两论文理圆净，当时流行很广。

慧可承上启下受衣钵

　　达摩祖师在嵩山少林寺开宗立派之初，洛阳有个博学旷达，且有一定佛学根基的僧人叫神光。神光俗姓姬，虎牢人，虎牢位于今河南成皋县西北。神光其父名寂，在慧可出生之前，每每担心无子，于是便天天祈求诸佛菩萨保佑，希望能生个儿子，继承祖业。

■ 慧可大师调心图

就这样虔诚地祈祷了一段时间，慧可的母亲便怀孕了。为了感念佛恩，慧可出生后，父母便给他起名为"光"。

姬光自幼志气不凡，博闻强记，广涉儒学，对《庄子》、《易经》都十分精熟。他喜欢谈论玄妙的道理，后来接触了佛典，被佛典中蕴含的义理所打动，于是决定出家探寻人生的真理。

姬光的父母见其志气不可改移，便允许他出家。于是，他便来到洛阳龙门香山出了家，并改名神光。此后，他遍游各地佛学讲堂，了解并悉心研习大小乘佛教的教义。经过多年学习，神光虽然对经教有了充分的认识，但是个人的生死大事对他来说，仍然是个难解之谜。

神光在32岁那年，放弃了过去那种单纯追求文字知见的做法，回到洛阳龙门香山，开始实修。他每天从早到晚都在打坐，希望能够借禅定的力量解决生死问题。

这样过了8年。有一天，在禅定中，他朦胧中听到有人跟他说："如想证得圣果，不要执着于枯坐，大道离你不远，你可往南去！"

就在苦恼没有答案之际，神光听说有个叫达摩的天竺僧人在河南嵩山少林寺弘传佛法，风范尊严，于是便来到少室山少林寺，早晚参见达摩，恭候在旁，以求获得真知和教诲。

开始时，达摩祖师只是面壁打坐，根本不理睬他，更谈不上有什么教诲。但是，神光并不气馁，反而愈发恭敬和虔诚。他用古时的大德为法忘躯的精神激励自己："昔人求道，敲骨取髓，刺血济饥，布发掩泥，投崖饲虎。古尚若此，我又何人？"就这样，他每天从早至晚，一直待在达摩面壁的洞穴外，丝毫不敢懈怠。

有一年腊月初九的晚上，天气陡然变冷，寒风刺骨，下起了鹅毛大雪。神光依旧如每天那样站在洞外，一动也不动。天快亮的时候，积雪居然没过了他的膝盖。

这时，达摩祖师才回过头来，看了他一眼，心生怜悯，问道："你在雪中站这么久，要求何事？"

神光流着眼泪虔诚地说："希望和尚慈悲，开甘露门，广度群品。"大意是希望师尊教我如来之法，好让我教化芸芸众生。

达摩祖师道："诸佛所开示的无上妙道，必须累劫精进勤苦地修行，行常人所不能行，忍常人所不能忍，方可证得。岂能是小德小智、轻心慢心的人所能证得？若以小德小智、轻心慢心希求佛法，只能是痴人说梦，徒自勤苦，不会有结果的。"

听了达摩充满禅机的话，神光已然明白其中的含意。为了表达自己求法的殷重心和决心，他暗中

■ 神光拜师于达摩

■ 二祖调心图（局部）

拿起锋利的刀子，"咔嚓"一下砍断了自己的左臂，顿时，鲜血殷红了雪地。神光却全然不理会，他面不改色地把断臂放在达摩的面前。

达摩祖师被神光的虔诚所感动，于是就说："诸佛最初求道的时候，都是不惜生命，为法忘躯。而今你为了求法，在我跟前，也效法诸佛，砍断自己的手臂，有此至诚之心，求法之事有何不可呢？"于是，达摩祖师将神光收为门人，并将他的名字改为慧可。

就在这个风雪之夜，刚刚成为达摩弟子的慧可就迫不及待地问师尊达摩："佛法的道理，您能讲给我听吗？"

达摩说："诸佛法印，非从人得。"意思是你不能从别人那儿求得佛法。

慧可心中茫然，便说："我的心不安宁，那就请师为我安心吧。"

达摩答道："当你感觉不安时，那个不安早就过

法印 道教与佛教术语。在佛教中，法印是佛教徒用以鉴别佛法真伪的标准。又译法本、本末、忧檀那等。法指佛法，印喻能印证真伪的佛法之印。凡符合法印的为佛法，不符合的为非佛法。道教法印面上刻着具有道教含义的文字。

《达摩六代祖师图》局部

去了。可是你还要拼命地去找这个不安，去找一个方法来去除这种内心的不安。"

慧可沉思良久，答道："我寻找我的心，然而我找不到。"

达摩答道："我已经为你安定了心境。"

慧可当即豁然大悟，明白了只有断除妄想，彻底无心，才能无牵无挂，脱体无依，也只有如此，才是解脱之道。

慧可开悟后，继续留在达摩祖师的身边侍奉，时间长达6年之久。

达摩在去世之前，召集弟子们说："我的寿命快到了。死之前，我想证实一下你们的禅法修为到底如何，请你们将自己所悟到的说给我听听吧。"

听到达摩的命令，道副首先站起来说："我们应该不执着文字，也不舍弃文字，而是应该把文字当作求道的工具。这是我悟到的。"

达摩怒声说："你只得到了我的皮。"

尼总持一见道副不行，连忙站起来说："依我所了解的，就像庆喜看到了阿佛国，一见之后便再也见不着了。"

达摩又厉声说："你只得到了我的肉。"

道育随后起来说："地、水、火、风本来是空的，眼、耳、鼻、舌、根也非实有，整个世界无一法可得。"

达摩回答："你只得到了我的骨。"

最后轮到慧可，只见他站起身来，向菩提达摩三拜行礼，然后便站着不动了。达摩哈哈大笑，说："你已得到了我的髓。"于是，慧可便成为禅宗的二祖，接替达摩进行传法的工作。

其实，禅宗推崇的境界是一种无差别的境界。道副虽然口口声声说要不执着文字、不弃文字，表面上似乎超越了语言的差别，而其内心中却还存在着文字差别，否则他也就不用把那种不执不弃的想法表达出来了。所以达摩给他的评语是只得到皮，不过是刚入禅法之大门而已，离真正开悟的境界还远得很呢！

尼总持虽然超越了语言文字的差别，但又堕入有与无、见与不见的对立之中。如其心中超越了有与无、见与不见，那便没有什么庆喜与阿佛国，也没有什么一见之后便不再见的差别了。所以达摩给她的评语是只得到肉。

道育所说的已是佛法的基本道理。认识到世间无一法可得，一切皆假而不实，精神上自然可以超越差别与对立。但禅宗的精神不只是体现在认识的飞跃之上就算完了，更重要的是要知行合一，要把那种超越认识与实际生活结合起来，把精神融于生活之中。道育的认识已超越了，认识到了佛法的真理，但其行为却还滞涩难通，还是要说、要想，所以达摩说他只得到了骨。

慧可则不说不动，已身与意合，超越了认识与行为之间的差别，与禅合一了。所以，

禅法起源

《达摩六代祖师图》局部

他便得到了菩提达摩的髓。

这个故事的含义表达了达摩的禅意：要超越一切差别，而更关键的是，这种超越不能只停留在认识的层次上。超越认识与行为的差别，那才是禅所追求的最高境界。

经过这次考问，达摩祖师在依法授衣时对慧可说："我有《楞伽经》四卷交付给你，这是通达如来佛大觉圆满之心的要门。我观汉地，唯有此经，仁者依行，自得度世。望你弘传，开悟众生。"

于是，慧可承受大法并接受袈裟，继承了达摩祖师的衣钵，然后就在黄河近边一带韬光晦迹，隐居不出。由于早年已名驰京师，因此前往问道的人络绎不绝，慧可随时为众开示心要，因而声誉越来越大。

慧可的禅学思想直承达摩，特别是达摩传授他的四卷《楞伽经》，重视念慧。此经的主旨是以"忘语忘念，无得正观"为宗。这个思想，经过慧可的整理发展，对后世禅宗有很大的影响。

达摩的壁观禅法，是以理入和行入为入道途径的。"理入"即"壁观"；"行入"指万行同摄的"四行"。"四行"着重于劝人在日常生活中去除一切爱憎情欲，严格

袈裟 汉语意译为莲服、袈裟野、迦逻沙曳、迦沙、加沙等，梵语意译作坏色、不正色、赤色、染色，指缠缚于僧众身上的法衣，以其色不正而称名。袈裟具有杜防法衣他用及避免他人盗取等功用。

■ 达摩六代祖师之慧可弘法

按照佛教教义苦下功夫。

■ 少林寺立雪亭

"理入"属于宗教理论，"行入"属于宗教实践，即禅法的理论和实践相结合。慧可继承了达摩的这个思想，指出众生与佛无差别的义理，直显达摩正传的心法。

达摩所传的安心禅法，成了慧可毕生心血所系。自此慧可独立弘法以来，他便一心一意地弘传安心禅法。虽然当时被认为是"魔说"，但丝毫没有影响慧可弘传此法。

达摩"理入"的根本意义在于深信一切众生具有同一真性，如能舍妄归真，就是凡圣等一的境界。慧可继承了这一思想，指出生佛无差别的义理。

慧可的禅法思想源于《楞伽经》，但他却对其中的"专附义理"作了许多自由的解释，因此将佛法向前推进了一步。

黄河 我国北部大河，世界第五大长河，我国第二长河，同时也是华夏民族的母亲河，人类文明的发源地之一，全长约5 464千米，流域面积约75.24万平方千米。黄河发源于青海省青藏高原的巴颜喀拉山脉北麓约古宗列盆地的马曲，自西向东分别流经青海、四川、甘肃、宁夏、内蒙古、陕西、山西、河南及山东9个省区，最后流入渤海。

慧可曾用诗句来表达他的禅学见解，他在答一居士的函中说：

本迷摩尼谓瓦砾，豁然自觉是真珠。

无明智慧等无异，当知万法即真如。

观身与佛不差别，何须更觅彼无余？

从中可见，在慧可看来，万法一如，众生与佛不二。慧可承袭了达摩"理入"之旨，悟此身与佛并无差别，即身是佛，可谓得到了达摩的真传。

慧可在禅宗中的地位十分重要，为达摩后中华禅传人第一人，是公认的禅宗二祖，为我国禅宗真正的实践者。也可说，慧可虽不是我国禅宗的开山，但他把印度佛法教义与我国的国情相结合，使佛教彻底地中国化，成为适合我国士大夫与百姓口味的中国佛教，这是慧可对我国文化最伟大的贡献。

阅读链接

据河北省《成安县志》客籍人物篇载：慧可在107岁的高龄时，于隋开皇年间的593年来成安县讲经传法，为此特在匡教寺前修筑了两丈多高的说法台。因慧可所讲的禅理非常好，四面八方的老幼听者甚众，匡教寺的和尚也听得入了迷。

慧可说法甚大，这一来惹恼了这里嫉贤妒能的法师辨和，他便到县衙诽谤慧可散布异端邪说，要县里治罪。知县翟仲侃听信了辨和的诬告，对慧可加以非法，将其迫害致死，尸体投入漳河。民间传说，慧可从水里漂出，盘腿打坐，双目微闭，安详如生，逆流而上十八里到芦村以北，被葬在那里。唐代时，在此修造元符寺，并建二祖灵骨塔，以示纪念。这里形成的村落也称为二祖村。

禅宗传承

　　我国禅宗从初祖菩提达摩开始，历经二祖慧可、三祖僧璨、四祖道信、五祖弘忍、六祖惠能，一脉相传。经过历代禅师们的发扬光大，很快使禅宗发展成为我国佛教的主要宗派之一。

　　这六代禅宗衣钵传承，每一代禅宗传承都具有那个时代的特色，衣钵传人也都将自己的理解、感悟和创新融进禅法里去，这就使得禅宗在我国不断衍变，不断发展，直至六祖惠能开创直指人心、顿悟成佛的南宗禅，我国佛教禅宗最终得以正式确立。

僧璨受法成禅宗三祖

阿弥陀佛像

534年，慧可禅师来到东魏的邺都，即今河南安阳，大弘禅法。在安阳弘传禅法时，引起了当时有些不理解他学说的学者，以及固守经文的僧徒们的争辩。

有个叫道恒的出家人就指斥慧可所说法要是"魔语"，他派遣上座弟子向慧可质难。然而双方辩论的结果却是道恒的那个弟子听慧可说法后，竟心悦诚服地倒向慧可，这就使道恒更加不满。后来，他贿赂官吏，企图暗害慧可。

为了免于迫害，慧可离开了邺都，四处流离，后来到了今河南安

阳、汲县之间。再后来慧可又
和同门昙林南下隐居于舒州，
即今安徽潜山县内皖公山。

此后不久，慧可又携始祖
达摩所传袈裟和四卷《楞伽
经》，来到安徽安庆司空山，
掘石窟而修禅。

576年，有一个年已不惑的
居士来到司空山礼拜慧可。他
对慧可说："弟子身缠疾病，
请和尚为我忏悔罪孽。"

慧可说："拿罪孽来，我替你忏悔。"

这个居士考虑了一会儿，说："我觅求罪孽而不
可得。"

慧可说："我已经为你忏悔完了，你当皈依佛法
僧三宝。"

居士说："今天见到和尚，知道僧是什么了，但
还不知道什么是佛，什么是法。"

慧可说："是心是佛，是心是法，佛、法无二，
佛、法无边。"

居士沉思一会儿，然后接着说："我今天明白
了，罪孽不在内，而在外，不在中间，这就正如人的
本心一样。"

这位居士的罪孽本空的思想，成为后来禅家最为
乐道的一种说法。这个居士能有这样的见地，说明其
很有慧根。慧可听了他的回答，非常欣喜，并当即为

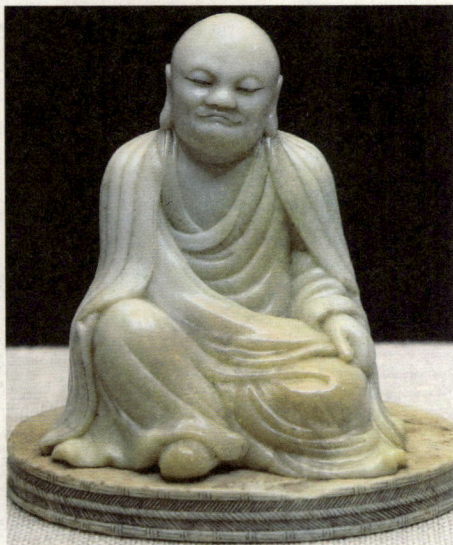

■ 慧可禅师塑像

居士 既指旧时
出家人对在家信
道信佛的人的泛
称，亦指古代有
德才而隐居不仕
或未仕的隐士，
同时，还是众多
文人雅士的自
称，如李白自称
青莲居士，苏轼
自称东坡居士，
等等。在佛教
中，一位名副其
实的居士，该是
一位大乘的菩
萨，或者他是名
副其实的得道高
人、隐士。

光福寺 原名"大佛寺"，始建于唐天祐年间，距今约1100年，总建筑面积约20000平方米。整个建筑群落依山势分七级建造，由天王殿、望海楼、观音殿、大雄殿、蒙段祠、三圣殿组成。它是庐山宗教建筑中历史最悠久，规模最庞大，香火最兴旺的佛教建筑群。

他剃发，收他为弟子，赐名僧璨，并说道："是吾宝也。宜名僧璨。"

576年阳春三月，僧璨前往光福寺受了具足戒。僧璨为了感谢师尊为他忏罪的深恩厚德，就放下身心，侍奉师尊慧可达两年之久。

有一天，慧可告诉僧璨："菩提达摩远自天竺来到此土，以正法眼藏及证信之物密付于吾，吾今授汝。汝当守护，无令断绝。"说完后，他把正法眼藏与衣钵传给了僧璨，并再三叮嘱，"你当隐居深山，不可行化，避开国难。望你善去善行，等待时机，依法授人。"

僧璨禅师道："师既预知，愿垂示诲。"这样僧璨成为了禅宗衣钵传人，即禅宗第三祖。

慧可在将衣钵传给弟子僧璨后，便离去了。

在慧可离去后，僧璨禅师谨遵师旨，没有急于出来大肆弘扬祖师禅法，而是韬光养晦，往来于司空山和皖公山之间，过着一种隐修的生活，长达10余年。

■ 古代佛教经卷

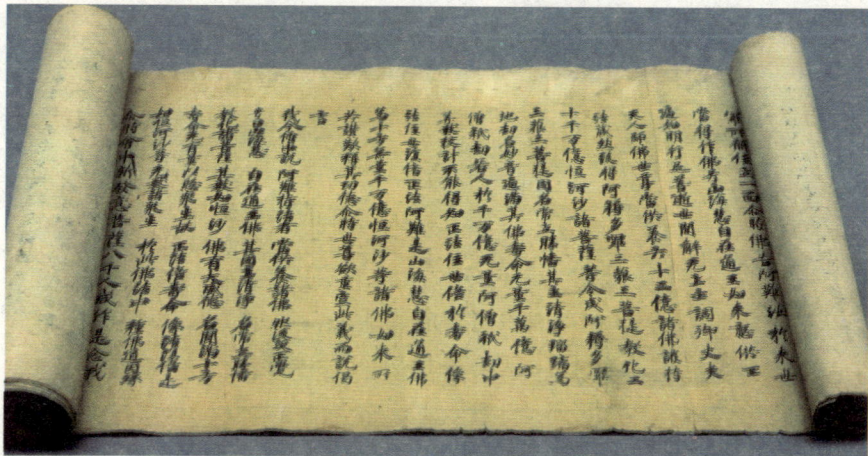

在这期间，僧璨禅师只有道信一个弟子。

僧璨虽然没有公开弘扬祖师禅法，但是他撰写的《信心铭》却对后世禅宗的发展，产生了极为深远的影响。这篇短短的文字，是僧璨当年的所悟所证，更重要的是，它可以帮助门人更好地树立起修习祖师禅法的正知正见。

《信心铭》是440字的偈语，诠释达摩理入称法之旨，至为深切。《信心铭》虽然文字不多，但可以说是字字珠玑，对禅修者来说，极富指导意义。

■ 僧璨禅师像

僧璨秉承达摩祖师的思想，坚持佛和身不二，佛性和人心是合一的。一心论是僧璨禅学的中心，他在《信心铭》中说：

> 一心不生，万法无咎；无咎无法，不生不心。能由境灭，境逐能沉；心随境灭，境逐心沉；心本无生，因境而有。境由能境，能由境能。境因心有，心能显境；境本无分，因心而别。欲知两段，无是一空；一空同两，齐含万象。缘起性空，一空同两；性

皖公山 安徽境内名山，位于安徽潜山县境内，又叫天柱山。西周时期曾立皖国。汉武帝元封五年，即公元前106年南巡，登祭皖公山，封号"南岳"，皖公山由此声名大噪。安徽省简称"皖"就由此而来。

佛教弟子塑像

空缘起，齐含万象。不见精粗，宁有偏党。

僧璨禅师的这段论说，概括了禅的崇高境界，就禅的崇高境界说，与《庄子·齐物论》的思想是相通的。

《信心铭》是禅宗的法典，也是我国禅宗修学指导的原则。虽然在禅宗是指导原则，实际上在大乘佛法的修学，无论是哪一宗哪一派或者是佛家常讲的八万四千法门，门门要想成就，都不能违背这个原则。

僧璨禅师以《信心铭》，上承达摩、慧可，下传道信、弘忍，对于禅宗的建立、发展起了承前启后的重要作用。

淡定人生

禅宗历史与禅学文化

阅读链接

在二祖慧可传僧璨禅宗衣钵时，正值北朝动乱期间。当时南朝和北朝环境不同，在南方，各学派充分发展，百家争鸣。佛教、儒学、道教相互抗衡；在北方，争论涉及华夷之辩，在少数民族统治的北朝，宗教之争就含有了政治意义，于是，支持佛教、反对佛教的运动贯穿了这一期间，这也就是慧可所说的"国难"。

北朝这一乱局，直到隋王朝统一南北后才得以改变。由于隋文帝杨坚自幼在寺庙长大，做皇帝后，深信自己得到佛祖的保佑，因此大力提倡佛学，佛教遂开始了恢弘的阶段，三祖僧璨也于这个时候开始大力弘法。

四祖道信的弘法禅修

隋文帝杨坚建立隋朝之初，便开始致力于佛教的推广和发展，采取了度僧、建寺、造像、写经等一系列大规模的复兴佛教的措施。

在这样的形势下，禅宗三祖僧璨广为四众宣传《楞伽经》教义，名声在外，人们奔趋礼拜。此时，有一个年方14岁名叫道信的沙弥，前来礼谒僧璨大师。

道信俗姓司马，生于今湖北省武穴市梅川镇。年少聪慧，自幼即对大乘空宗诸解脱法门非常感兴趣。7岁时即皈依了佛门，法名道信。

道信的剃度师戒行不清净，道信曾多次劝谏，但是对方却听不进。道信只好洁

佛教剃度仪式

古代佛教艺术壁画

身自好，私下持守斋戒，时间长达5年之久。

后来，道信听说皖公山有两个名僧在隐修，便前往皈依。原来这两僧就是著名的禅宗三祖僧璨和他的同门昙林。

礼拜过三祖僧璨后，道信便问："愿和尚慈悲，乞与解脱法门。"

僧璨反问道："是谁捆绑了你？"

道信道："没人捆绑我。"

僧璨道："既无人捆绑，何求解脱乎？"

道信闻言，当下大悟。原来，自己所感到的束缚不在外面，而在内心。束缚完全来自于自心的颠倒妄想，如果看破了这些妄想，知道它们来无所来，去无所去，即不再会被它们所束。如果内心不解脱，到哪儿都不会自在的。因此，解脱在心，不在外。于是，道信在皖公山拜僧璨为师，侍奉左右。

斋戒 即包含斋和戒两个方面。"斋"来源于"齐"，主要是"整齐"，如沐浴更衣、不饮酒，不吃荤；"戒"主要是指戒游乐，比如减少一些娱乐活动。后来以此指称相似的宗教礼仪。在佛教历史中，清除心的不净叫作"斋"，禁止身的过非叫作"戒"。

道信拜僧璨为师后，跟随僧璨学习禅法，这一学就是10年。在此期间，僧璨不时地点拨道信，并不断地加以锤炼，直到有一天，僧璨感到道信已经堪能大任，才把禅宗法衣传给他。道信由此成为禅宗四祖。

付法的时候，三祖说了一首偈子：

华种虽因地，从地种华生。
若无人下种，华地尽无生。

然后，僧璨语重心长地对道信说："当年慧可大师传法给我之后，行游教化，长达30年，一直至入灭。如今，我已经找到了你这个继承祖业的人，为什么不去广行教化而要滞留在这里呢？"僧璨讲完这些话，便离开了皖公山，南下罗浮山弘法。

道信希望能随师前往，继续侍奉祖师僧璨，但是没有得到祖师的同意。祖师告诉他："你就住在这里吧，不要跟我走了，将来要大弘佛法。"

僧璨走后，道信继续留在皖公山，日夜精勤用功。在皖公山居住了一段时间之后，道信觉得弘法的时机已经来到，于是也离开此地，四处游化弘法。

法衣 道教与佛教的法事专用服饰。佛教制度允许出家僧人为养活自身可以持有如法合度的衣服，包括重复衣、上衣、下衣等13种服饰，并且可以根据不同的时间和场合适当穿用。法衣的原料以及颜色也是有选择的。凡僧尼所穿的被认为不违背戒律、佛法的衣服，皆可称为法衣。

一脉相传

禅宗传承

■ 道信禅师像

大林寺 庐山"三大名寺"之一。为四世纪僧人昙诜所创建,位于大林峰上,所以又叫大林寺。"人间四月芳菲尽,山寺桃花始盛开。长恨春归无觅处,不知转入此中来。"这是唐代诗人白居易登庐山,时值大林寺的桃花正妍,于是即兴赋诗一首。

隋大业年间,道信在吉州,即今江西吉安地区正式出家为僧。隋末,战争频繁,天下大乱,道信禅师应道俗信众的邀请,离开了吉州,来到江州即江西九江,住在庐山大林寺。

至唐初武德年间,道信又应湖北蕲州道俗信众的邀请,来到江北弘法,不久在黄梅县西的双峰山造寺驻锡传禅。

在双峰山寺院,道信禅师一住就是30多年,期间道场兴盛,法音远布,"诸州学道,无远不至",门徒最盛时多达500余人。

当时蕲州刺史崔义玄,闻道信禅师之名前来瞻礼。还有新罗即今韩国的沙门法朗从其受心要。法朗归国后,于胡踞上传法,使我国禅学得以弘传。

■《十方佛图》(局部)

道信在双峰山择地开居,营宇立像,传扬佛法,对禅宗的形成和发展起了重要作用。一般说来,要形成一个佛教宗派,除了要有宗主和独成体系的教义外,还必须有一定规模的徒众团体。道信之前,由于"游化为务"无法形成这样的僧众团体,只有在道信定居双峰山后,才形成这样的僧团,因而才开始具备一个宗派的基本条件。

唐贞观年间,唐太宗李世民非常仰慕道信禅师的德风,想一睹禅师的风采,于是下诏令四祖道信赴

■李世民和大臣雕塑

京。但道信以年迈多疾为由，上表婉言谢绝。这样前后反复3次。

唐太宗在第四次下诏时命令使者说："如果再不来，即取首级来见朕。"使者来到山门宣读了圣旨，没想到道信引颈就刃，神色俨然。

使者非常惊异，不敢动刀，便匆匆回到了京城，向唐太宗报告了实情。唐太宗皇帝听了，对祖师愈加钦慕，并赐以珍缯，嘉许大师的人品和志趣。

道信的思想以"一行三昧"为中心，以守自心为方法，通过渐修顿悟的方式体悟空无，这是道信禅法的特色。他十分强调般若学的一切皆空，他要达到的禅境是安心。安心非谓心不动，是指住心、宅心。他主张修禅者要摄心、止心，从而达到任运的境界。

在具体的修行方法上，道信是讲方便法门的，他

唐太宗 （598年～649年），李世民，祖籍陇西成纪，今甘肃天水，是唐高祖李渊的次子，唐王朝第二位皇帝。在位期间，积极听取群臣的意见，以文治天下，并开疆拓土，在国内厉行节约，使百姓能够休养生息，终于使得社会出现了国泰民安的局面，开创了历史上著名的"贞观之治"。

佛教罗汉蜡像

主张先要行忏悔，端坐不动，念诸法实相，除去障碍妄想。在此基础上，进行念佛，以进一步去除执心，念念不断，最后忽然而得到了澄明解脱。

道信主张"佛即是心，心外无别佛"，把念佛与念心同一起来。念佛用"一行三昧"法，念心是观心、守心。

道信所说的念佛并不是往生西方，念西方的佛，而是念自心之佛，因为佛在自心中，离开自心就没有别的佛。这一看法把达摩以来的心性论，进一步突出为佛性论，突出众生与佛性的关系。道信把这种念佛称为安心，他提出了五事方便来实现安心法门。

第一，心即是佛，佛即是心。诸佛法身，入一切众生心想，是心是佛，是心作佛。当知佛即是心，心外无佛。

第二，染净为二，去染复净。"染"指爱着之念及所爱着之法。"净"指解脱之念及所解脱之法。在道信看来，人的根性是不同的，因此，方便法门也应该有所不同。道信的方便法门就是针对不同根性的学人而设的。

第三，修一行三昧。一行即一相，就是行住坐卧，任何的状况都保持实相的、智慧的心。"三昧"又称"正定"，这个定，是有智慧的定，是真正解脱的定，不是外道的强迫，压抑的定。

"一行三昧"，就是无论行住坐卧，都保持一个虚空的心，保持一颗宽容的心，不离一颗菩提心，在道信看来，念佛既是心念，又是实相念。一行三昧即是唯心念佛和实相念佛的结合。

第四，入道安心要方便。禅的具体修法有浅深层次的不同。道信首次明确地提到渐修渐悟的形式和具体方法。

第五，讲究空。他抛开四卷本禅宗《楞伽经》，而把《金刚经》作为自己禅法的理论根据。强调"修道得真空者，不见空与不空，无有诸见"的实相义理。

道信以前的几代禅师，在传法方式上均以"游化为务"，就是不在一个固定地方弘法传教。他们随缘而住，"不恒其所"，"行无轨迹，动无彰记"，"随其所止，诲以禅教"。

道信改变"游化为务"的传统，采取定居传法的方式。这一传法方式的改变，对禅宗的形成和发展起了重要作用。

阅读链接

在我国禅宗四祖道信的诞生地湖北省武穴市梅川镇，有一口古井，井水冬暖夏凉，清冽甘甜，史称"浴佛井"。此井内圆外方，一块正六边形的青石井圈覆盖井口上，井壁上端由一圈花岗石镶嵌而成。井圈每个角和边都刻有一朵荷花瓣，雕刻精细，形态逼真，宛如12朵盛开的莲花。井口北侧立有一块石碑，上镌明代万历年间所书"浴佛井"3个大字，苍劲浑厚。

"浴佛井"的得名源于道信。历史上曾先后称为永宁县、广济县的湖北省武穴市，因佛事兴盛，素有"佛国"之称。据《广济县地名志》载：相传北周大象初年，东土禅宗四祖司马道信出生时，其父司马申为其沐浴，故称"浴佛井"。

五祖弘忍创东山法门

　　禅宗四祖道信在双峰山传禅时，在500多门徒中有一个叫弘忍的弟子，深得道信的认可和赞赏。弘忍，俗姓周，其祖籍浔阳，即今江西九江。后迁居蕲州黄梅，即今湖北黄冈市。

　　关于弘忍拜道信为师，有记载说，有一天，道信前往黄梅县，路上遇到一个小孩，见其骨相奇秀，不觉惊叹此儿不是凡童，于是问他："你姓什么？"

弘忍禅师

　　小孩回答说："性即有，不是常性。"

　　道信又问："是何姓？"

　　小孩回答说："是佛性。"

　　道信说："你没有姓啊？"

　　小孩说："性空，所以没有。"

■《弘忍童身·道逢杖叟》图

一脉相传

禅宗传承

　　道信认定了眼前这孩童定非凡人，于是派人跟随他回家，征求他家长的意见，能否让他出家做自己的弟子。孩童的家长欣然同意。

　　就这样，道信将这个孩童带到双峰山道场，并将其收为弟子，赐名弘忍。到了弘忍13岁的时候，正式剃度为沙弥。

　　弘忍生性勤勉，白天劳动，晚间习禅，通宵达旦，精进修行，经年累月，不曾懈怠。在30多年中，道信经常给他开示顿悟之旨，不断地随机锤炼，使他的修行快速提升。

　　刚开始时，弘忍经常遭受同门的欺负和凌辱，但弘忍从不争辩、反抗，泰然处之。《楞伽师资记》中讲弘忍：

　　　住度弘愍，怀抱贞纯。缄口于是非之场，融心于色空之境。役力以申供养，法侣资其足焉。调心唯务浑仪，师独明其观照。四仪皆是道场，三业咸为佛事。盖静乱之无

道场　梵文的意译，音译为菩提曼拏罗，如《大唐西域记》卷八称释迦牟尼成道之处为道场。后借指供佛祭祀或修行学道的处所，如我国佛教五大名山，分别为文殊菩萨、普贤菩萨、地藏菩萨、观音菩萨、弥勒菩萨的道场。也泛指佛教、道教中规模较大的诵经礼拜仪式。

五方佛画像

二，乃语默之恒一。

这段话大意是说，弘忍心量宽宏，慈悲仁愍，纯洁无瑕，不谈人间是非。在日常生活中，心心在道，行住坐卧，起心动念，无时无处不在觉照当中，而且经常干苦活重活儿，甘为大众服务。

弘忍的人品、精进和悟性，使他渐渐地成为同道们的学习楷模。道信禅师尚在世的时候，就有很多人从四面八方慕名而来，亲近弘忍禅师，所谓"四方请益"，"月逾千计"。这一点令道信禅师非常高兴。

为了锤炼弘忍，道信常常测试弘忍，而弘忍则能够"闻言察理，解事忘情"。道信知其为根性很高，就把衣钵传给他了。同时，还把自己的弟子全都托付给弘忍。

四祖道信圆寂后，弘忍继任双峰山法席，领众修行。渐渐地参学的人增多，其门徒竟以万计。于是，弘忍于唐永徽年间的654年，开始在双峰山东部的冯茂山另建道场，672年新道场建成，取名东山寺。

东山寺建于山腰，亭阁楼台、殿宇僧舍皆为绿树翠竹所遮掩，彼此有重门相通，小路相连，极富园林情趣。

东山寺建好后，弘忍开始在东山寺弘法，因此当时称其禅学为"东山法门"。弘忍被称为东山法师。

四祖道信是东山法门的奠基者，其禅法体现了东山法门的基本内容。《楞伽师资记》中讲到道信禅学的基本文献和内容时说：

淡定人生

禅宗历史与禅学文化

其信禅师，再敝禅学，宇内流布。有《菩萨戒法》一本，及制《入道安心要方便法门》。为有缘跟熟者说我此法，要依《楞伽经》，诸佛心第一；又依《文殊说般若经》一行三昧，即念佛心是佛、妄念是凡夫。

这段论述可视为道信以至东山法门的纲领。这里所讲"念佛心是佛，妄念是凡夫"，即二心：净心与染心。此二心论，由道信开创，后来成为东山法门的主要特色。

弘忍弘法时"肃然静坐，不出文记，口说玄理，默授与人"的作风，开我国佛教特有的禅风，对后来禅学发展影响很大。

我国的禅学，自始祖达摩以来，以《楞伽经》印心，至四祖道信，又增加了一行三昧的修持方法。弘忍是道信的弟子，他继承了师尊的禅学传统，但他又增加了以《金刚经》印心的新内容，这反映禅学在不断地发展。

弘忍的基本思想是"人人皆有佛性"。他把这个佛性规定为圆满具足、本来清净的。他认为心是"本师"，佛性就是自己的"本心"。就是说"自然而有不从外来"，这颗心就是万法之源。弘忍禅学以守心为法要。

■ 无量寿佛画像

无量寿佛　李鹤昌题

马祖道一（709年～788年，或688年～763年），俗姓马，又称马道一、洪州道一、江西道一。唐代著名禅师，开创南岳怀让洪州宗。马祖道一禅师门下极盛，号称"八十八位善知识"，法嗣有139人，以西堂智藏、南泉普愿最为闻名，号称洪州门下三大士。

■ 古籍《金刚经》

弘忍的禅学继承道信的禅学思想而来，主要有二依：一依《楞伽经》以心法为宗；二依《文殊师利般若经》的一行三昧。

弘忍弘传的"东山法门"在《大乘起信论》的影响下，以《般若经》与《楞伽经》相融，对旧禅学加以改造，并使之与儒、道修养互相融合，是佛教禅学中国化的标志，且具有破旧立新的改革精神。

"东山法门"改变了以往单纯依赖布施的头陀生活，而采取劳作自给的丛林生活。在道信、弘忍之前，禅僧们多孤游乞食，而弘忍大师率领徒众自食其力，自给自足。

另外，弘忍及其门人把行、住、坐、卧四仪都作为修行的道场，身、口、意"三业"当作佛事。把利己与利他、自觉与觉他、世法与出世法融通起来。

东山法门又主张禅者应以山居为主，远离嚣尘。这种寓禅于生活之中的变化，在佛教史上影响深远。

后来的马祖道一和百丈怀海，创丛林，立清规，道场选址在深山老林，称道场为"丛林"，提倡农禅并重，主张一日不作，一日不食，这都是受弘忍的影响。

在修行方法上，弘忍与达摩、慧可、僧璨三代祖师都主张渐悟渐修不同，他与师尊道信，则主张渐修顿悟。从总体来看，"东山法门"顿渐相融通，但是以顿悟为最高，以顿悟为名宗。

弘忍大师创立"东山法门"，以《楞伽经》、《般若经》传宗，以双峰山、东山为比较固定的道场，以坐禅与劳作相结合，渐修与顿悟相结合、世间与出世间相融通，广开法门，在广大地区产生了广泛的影响，为我国禅宗的创立做出了卓越的贡献。

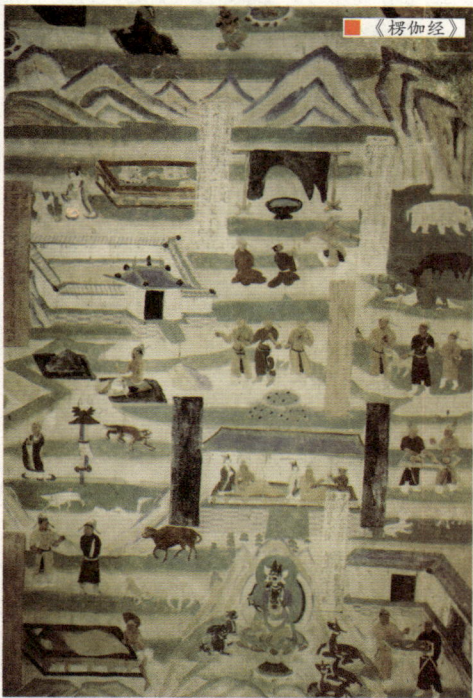

《楞伽经》

阅读链接

弘忍门徒数以万计，参学的人更是不计其数。虽然门徒人数众多，但是能够弘法的人并不多。弘忍临死之前说他弟子中只有10人可以传他的衣钵。这10个人，据说是神秀、智洗、刘主簿、惠藏、玄约、老安、法如、惠能、智德和义方。而在此10人中，最突出和影响最大的是神秀与惠能。

神秀与惠能虽是同一师承，但所传禅法则不尽相同。惠能在南方，神秀在北方。无论是南禅还是北禅，都是出自弘忍门下。由此可见弘忍在我国禅宗史上占有多么重要的地位。

法融开创牛头宗一系

禅宗法师坐禅像

相传道信传衣法于弘忍后，又收了一个叫法融的弟子。法融俗姓韦，润州延陵人，就是现在的江苏丹阳。他少年时即博通经史，"翰林坟典，探索将尽"，后接触到佛学，感到儒道之学不如佛学。随后，他到茅山，即今江苏句容，从三论宗的炅法师剃度出家。

法融跟炅法师学习般若三论和禅定，几年后，又跟从大明法师钻研三论和《华严》、《大品》、《大集》、《维摩》和《法华》等经数年。

大明法师圆寂后，法融漫游各地，从盐官即今浙江海宁县邃法师、永嘉旷法师等听讲各种经论，深受启发，但觉全凭知解不能证入实际，因而进入深山凝心冥坐，过了20年的习定生活。

唐武德年间的624年，左丞相房玄龄奏请淘汰寺庙僧徒，法融即挺身入京陈理，御史韦挺看了他的表辞情文并茂，和房玄龄商议后取消此事。

唐贞观年间的636年，法融到南京牛头山幽栖寺北岩下构筑一所茅茨禅室，日夕参究，数年之间，同住的法侣就有100余人。

这时牛头山的佛窟寺藏有佛经、道书、佛经史、俗经史和医方图符等七藏，是宋初年刘同空造寺时到处访写藏在寺里的著名经藏。

法融得到佛窟寺管理藏经的显法师允许，在那里阅读了八年。摘抄各书的精要，然后回到幽栖寺，闭门从事研究、参修。

在这期间，禅宗四祖道信传衣法于弘忍，听闻法融的事后，就来到牛头山法融参修的石室。四祖见法融端坐，就问他："你在干什么？"

法融回答道："观心。"

丞相 也称宰相，是我国古代最高行政长官的通称。统领百官辅佐皇帝治理国政，位高权重。丞相制度起源于战国时期。秦代设左丞相、右丞相。汉代承袭丞相制度。明太祖朱元璋时期废除了丞相制度。

■ 四祖与法融交流图

淡定人生

禅宗历史与禅学文化

打坐 又叫"盘坐"、"静坐"，方式是闭目盘膝而坐，调整气息出入，手放在一定位置上，在佛教中叫"禅坐"或"禅定"，是佛教禅宗门人必修的一课。打坐既可养身延寿，又可开智增慧。在中华武术修炼中，打坐也是一种修炼内功，涵养心性，增强意力的途径。

四祖问："观心的是何人，心又是什么东西？"

法融回答不出，于是起身作礼，请四祖为他说法。

四祖在石头上写了个"佛"字让法融坐。法融不敢上前去坐。四祖点拨道："你学佛那么久，怎么有畏佛之心在？"

法融反问道："何者是佛？何物为心？"

四祖不慌不忙地说："离心无别有佛，离佛无别有心，念佛即是念心，求心即是求佛。要修成一颗铜墙铁壁般的佛心，只需随心自在就好。心，不用特意去观它，也不要去压抑它。

法融频频点头，又问道："如果内心起了情境，那该怎么办呢？"

四祖回答道："这'境'不分好与坏、美与丑，如果心存美丑、好坏，就是内心不净。只靠天天打坐是成不了佛的。面对不同情境，你心无挂碍根本不去管它，那么你将修成晶莹剔透的佛心。"

法融听后茅塞顿开，当即拜道信为师。道信遂收下这个弟子。法融的禅学思想得到道信的点拨、印证后便有了一个质的飞跃。

道信知道自己剩余的日子不多了，因此他将禅宗的方便法门传给法融后，便返回了黄梅双峰山。临别时他对法融说，达摩祖师的衣钵只能传付一人，现已付与弘忍了。不过你可以自立一支。

遵照师尊的意旨，法融在牛头山授徒传法，"数年之中，息心之众百有余人"，法门逐渐兴盛，自成一派。由于常年在牛头山传法，因此改派被称为牛头宗，其禅法系统被称为牛头禅。

法融的禅学思想主要见于他所著的《绝观论》和《心铭》两部著述。其思想是建立在般若空观和玄学的基础上，具有明显的空宗和玄学的特色。

牛头禅的特色在于排遣多言，而着眼于空寂。在《绝观论》中，法融主张"大道冲虚幽寂"，故立"虚空为道本"。在《心铭》中，法融提出"心性不生，何须知见？本无一法，谁论熏炼"。

在法融看来，"境随心灭，心随境无"，无心无境，心镜本寂，这便是世界的本来面目。基于这一理论，所以他在禅修上认为"无心可守，无境可观"，应该"绝观忘守"。绝观忘守的方式就是"一切莫作"，"一切莫执"的"无心用功"。

法融所说的无心，并不是绝心，而是像先秦儒学家子思所讲的"率性"，也就是遵循人的本性，自然而然地发展。

■ 石窟佛造像

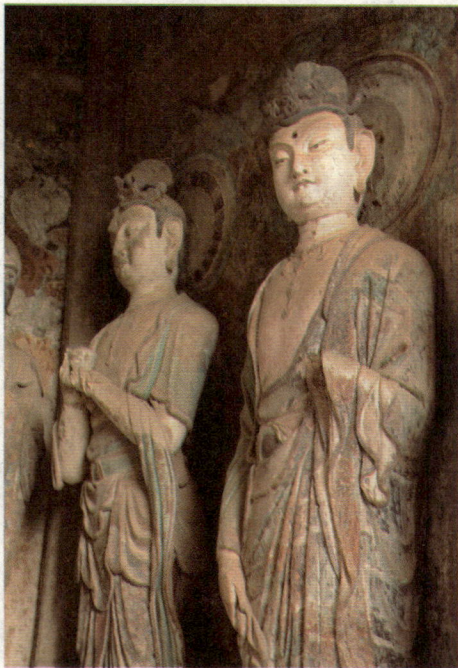

056

法融因当年在佛窟寺精读了"七藏经书"，加上他的禅学思想受到道学的影响，他所创的牛头禅也体现了"老庄化"、"玄学化"的特色，所以牛头禅的形成与发展，对佛教的中国化进程，起到了十分重要的促进作用。

法融的禅学，属于牛头宗的早期。其兴盛时期是从牛头宗五祖智威下的六祖慧忠，以及玄素等始。

慧忠是牛头宗五祖，曾经法受于双峰山。双峰山是道信、弘忍的道场，故又谓其是弘忍的弟子。也有说他是惠能、神会的弟子等。正因为他上脉多出，所以他的禅学具有综合的性质。

慧忠的禅学，主要游于南、北、东山、牛头诸宗之间。他常说的"即心是佛"，属于弘忍、惠能的禅学思想。他在答常州僧灵觉时，又教其"无心可

■ 古代高僧弘法图

用""本来无心"，他还常说
"无情有性""无情说法"，这
些都是牛头宗的最为基本的禅
法。

玄素，字道清，俗姓马，人
称马祖，或称马素，润州延陵
人，即现在的江苏丹阳。武周如
意年间，出家江宁长寿寺，晚年
居润州幽栖寺传教弘法。

玄素之下有道钦。道钦在杭
州的径山立寺弘法，深受唐代宗
的崇敬，并赐号"国一"。道钦
门下有道林禅师，也很有名气。

据说，道林常栖息树上，
人们因此称他为鸟窠禅师，后来又有喜鹊在他身边筑
巢，人们又称他为鹊案和尚。由于禅师道行深厚，时
常有人来请教佛法。

当时，大文豪白居易在杭州做知府。有一次去拜
访道林禅师，他看见道林禅师端坐摇摇欲坠的鹊巢旁
边，于是说："禅师坐在树上，太危险了！"

道林禅师慢慢地回答说："知府，你的处境才非
常危险！"

白居易听了不以为然地说："下官是当朝重要官
员，有什么危险呢？"

道林禅师说："你薪火相交，心性不停，怎能说
不危险呢？"

■ 白居易作诗雕像

白居易（772年～846年），字乐天，号香山居士，又号醉吟先生，河南新郑人，唐代现实主义诗人，唐代三大诗人之一。白居易的诗歌题材广泛，形式多样，语言平易通俗，有"诗魔"和"诗王"之称。有《白氏长庆集》传世，代表诗作有《长恨歌》、《卖炭翁》、《琵琶行》等。

禅师打坐塑像

白居易似乎有些领悟了，他便转了个话题问道："如何是佛法大意？"

道林禅师回答道："诸恶莫做，众善奉行！"

白居易听了之后，以为禅师会开示自己深奥的道理，原来是如此平常的一句话，感到很失望地说："这是三岁孩儿也知道的道理呀！"

道林禅师说："三岁孩儿虽懂得，八十老翁行不得。"

禅师的话虽然容易理解，但做起来却是不易，白居易听懂了禅师的话，深为折服，遂改变自高自大的傲慢态度，礼拜而退。

牛头禅相传六代后，到了唐末，其影响渐渐衰微。日本僧人最澄入唐求法时，曾从天台山禅林寺僧俺然学习牛头禅法。

淡定人生

禅宗历史与禅学文化

阅读链接

牛头宗的法系传承始于法融大师，其后为智岩、慧方、法持、智威、慧忠。但是在智威之前的传承并不明确，这个传承世系是至智威及其后的门徒所建立的。

关于牛头宗传承次第，有几种说法。唐代学者刘禹锡的《融大师新塔记》以法融、智岩、法持、智威、玄素、法钦为牛头宗传承的次第，但未称为六祖；另有所记的传承是法融、智岩、慧方、法持、智威、玄素六世。这种系统传说在玄素生前似已成立。后来又变为，以法融为第一祖，智岩第二，慧方第三，法持第四，智威第五，慧忠第六。牛头宗的世系，后来即以此为定说。

惠能作偈成禅宗六祖

　　五祖弘忍圆寂之前，说他弟子中能够弘法的人不多，也就有11个。这11人是神秀、智洗、刘主簿、惠藏、玄约、玄赜、老安、法如、惠能、智德和义方。在此11人中，只有几个人可以传他的衣钵，而在这其中有一个叫惠能的弟子最有悟性，也最得弘忍的赏识。

　　惠能，俗姓卢，于唐贞观年间的638年在广东新州（今广东清远）出生。传说在出生时来了两个奇异的僧人，两僧人给小儿起名惠能，所以惠能从小就这样叫。

　　惠能幼年时父亲就去世了，之后惠能跟着母亲移居南海，即今广东广州。稍长大些，惠能就以卖柴来维持和母亲的生活。

惠能画像

六祖寺佛殿

惠能22岁那年，在卖柴时听人诵读《金刚经》，不觉内心有所感悟，"一闻经语，心即开悟"，他就问诵读的人读的是什么经？诵经人告诉他，读的是《金刚经》。

惠能又问诵经人从何处来？如何得到此经？诵经人又答从蕲州黄梅县东山寺来，那里有禅宗五祖弘忍大师在主持传法，门徒有1000多人，前往礼拜时得以听受此经。

惠能听了，觉得自己能被《金刚经》打动，一定就与佛法有缘，所以他安顿好母亲后，遂前往黄梅县东山去见弘忍大师。

惠能来到了韶州曹溪，即今广东曲江县，遇村人刘志略。刘志略的出家姑母比丘尼无尽藏，持《涅槃经》来问字义。惠能说："我虽不识字，但还了解其义理。"

无尽藏尼说："既然不识字，你又如何能解义？"

惠能说："诸佛的道理，并非来自文字。"

无尽藏尼闻听惠能此言，深感惊异，于是告诉乡里耆老，请惠能居于当地宝林寺。不久，惠能又至乐昌县西石窟，遇到智远禅师，智远也勉励惠能前去参拜五祖弘忍。

661年，惠能终于到达了湖北黄梅县的东山寺，并见到了五祖弘忍大师。

一见面，弘忍就问他："你来自何方，到此礼拜我，来做什么？"

惠能回答说："弟子是岭南人，新州百姓，今故远来礼拜和尚，唯求成佛，不求余物。"

弘忍想，此人是岭南人，又来自少数民族居住地，估计佛性不足。

惠能看出了弘忍意思，就说道："人即有南北，佛性即无南北。岭南少数民族之身与和尚之身不同，佛性有何差别？"

此语一出，弘忍大为震惊，方知惠能是大根器之人，遂收下惠能。他先让惠能在寺内随众做劳役，在碓房踏碓舂米。惠能礼拜而退。

从此，惠能来到碓房不避辛苦，劈柴踏碓。虽然天天干活，可是却时时刻刻在静虑修禅，用功修行，忘身为道。

惠能在寺中碓房一干就是8个月。一天，弘忍集合门人，要大家作一首偈，察看各人的见地，以便付法，也就是将自己的衣钵传给他。

当时弘忍的门徒中，学业最佳、声望最高的是神秀，神秀恐

一脉相传 禅宗传承

■ 六祖寺佛塔

明镜台 指梳妆台。因为台上一般放着镜子，故有此名。而梳妆台一般都清理得一干二净，一尘不染。"明镜台"因为神秀和惠能的偈成为佛性的代称。五祖大师把因惠能偈语有"菩提本无树，明镜亦非台"句，把禅宗的顿悟之法与衣钵传给了他。

负众望，就在走廊墙壁上作了一首偈，偈曰：

> 身是菩提树，心如明镜台；
> 时时勤拂拭，莫使惹尘埃。

这首偈表达了神秀渐修成佛的见解。神秀抓住了人的身心两个要素，将它们比喻为"菩提树"、"明镜台"，要求人们"时时勤拂拭，莫使惹尘埃"。

这里的"尘埃"是指"六尘"，即色、声、香、味、触、法六境，一般认为此"六尘"与眼、耳、鼻、舌、身、意六根接触，由于"六识"的贪着取舍，会造成人心的染污，所以教人要"时时勤拂拭"。此偈给人留下一个精进不懈的修行者的形象。

对于此偈，弘忍认为未见本性，只到门外。尽管弘忍认为"只到门前，尚未得入"，但又告诉门人"凡夫依上偈修行，即不堕落"。意思是，如此修行，境界会提升。

惠能得知神秀所作偈后，就知其对佛法的理解并不到家，他说："美倒是美了，了则未了。"于是也作了一偈，请别人代写在偈旁。偈曰：

> 菩提本无树，明镜亦非台；
> 本来无一物，何处惹尘埃！

■ 惠能坐姿画像

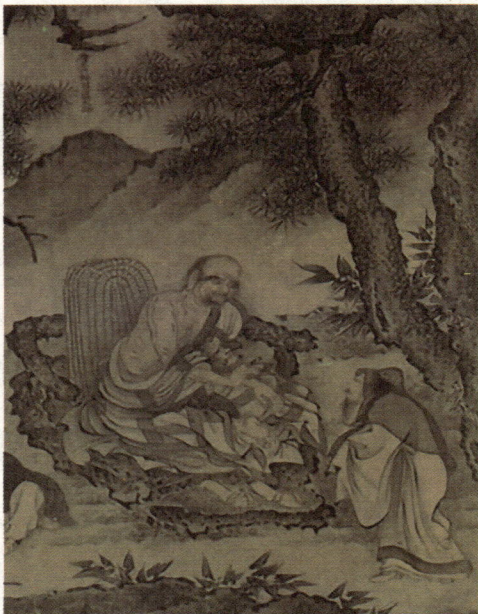

菩提树是空的，明镜台也是空的，身与心俱是空的，本来无一物的空，又怎么可能惹尘埃呢？此偈直指本心，剖见本性。这首偈显示了惠能顿悟成佛的见解。

五祖弘忍一见此偈，便知惠能已悟彻佛法大意。只是碍于当时众门徒在旁，恐惹起嫉妒，未作认可。

当天晚上，弘忍来到碓房，问惠能："米白了吗？"

惠能道："米白了，只是没有筛过。"

弘忍用手杖在石碓上击了三下，回身便走。

■ 惠能弘法图

惠能心领神会，三更时来到弘忍禅室，弘忍为惠能讲《金刚经》要旨，惠能彻悟，道："何期自性，本自清净；何期自性，能生万法。"

弘忍见惠能彻悟本性，决定把法器、袈裟传给他，惠能跪受衣法，成为禅宗第六祖。

弘忍对惠能说："你从今以后是第六代祖师了。衣是信物，代代相传。法须以心传心，当令传人自悟。"又说："惠能，自古传法，气如悬丝！若在此间，有人害你。你必须赶快离去！"

惠能问："我应当隐避在何处呢？"

弘忍说："逢怀且止，遇会且藏。"

惠能随师父弘忍来到一条河边，河边有一只师父

菩提 梵文的音译，意思是觉悟、智慧，用以指人豁然开悟，突入彻悟途径，顿悟真理，达到超凡脱俗的境界等。涅槃是佛境最高层次。涅槃对凡夫来讲是人死了，实际上就是达到了无上菩提之境。

早已备好的小船，弘忍拿起桨说："惠能，我来渡你过河吧。"

惠能马上说："师父，你坐船上，我自己来划。迷的时候师父渡我，悟了以后我渡自己。"

弘忍听罢，赞许地点点头，把船桨交给了惠能，为自己找到了一个出色的接班人而欣慰，自己最大的心愿圆满地了结了。

弘忍坐在船上给惠能念了一首传法偈："有情来下种，因地果还生；无情亦无种，无性也无生。"

惠能点点头说："师父，我记住了。"

这时，五祖弘忍向惠能道出了最后一句话："惠能啊，今后的佛法将因你而大盛，此去南方，佛法难起，应看时机成熟后再说法。"

惠能连忙点头："明白了；师父，多谢师父指点！"

此时，船已到了河对岸，惠能下了船，把船桨交给了师父，与师父挥泪告别，目送着师父划船的身影，直到看不见。之后，惠能就一直往南走去。

阅读链接

惠能求法的因缘，《曹溪大师别传》有不同的传说。《曹溪大师别传》说惠能先从新州到曹溪，即今广东曲江，与村人刘志略结义为兄弟。刘志略的姑母无尽藏尼常诵《大涅槃经》，惠能不识字，却能为他解说经义。在宝林寺住了一个时期，被称为"行者"。为了求法，又到乐昌依智远禅师坐禅。后来听慧纪禅师诵经，在慧纪禅师的激发下决心去黄梅参礼弘忍。

依《曹溪大师别传》说，惠能参礼弘忍，与《金刚经》无关。所以在去黄梅以前，惠能早已过着修行的生活。如果解说为惠能22岁，因听《金刚经》而发心去参学，经过曹溪，曾住了一段时期，到24岁才去黄梅的治，便可以得出两种说法，但此说也未确定下来。

禅宗至六祖惠能时期达到了繁盛，这个时候也可以说是我国禅宗的正式形成时期。惠能创立了有我国特色的禅宗，他的佛教思想影响遍及日本和东南亚各地。他留下的《法宝坛经》，成为研究我国和世界佛教史、思想史、哲学史的历史巨著之一。

在这一时期，惠能在南方开创的南宗禅法为顿门；同门神秀在北方开创的北宗禅法为渐门，世称"南顿北渐"。后来南禅北移，其方法简便，使神秀在北方的禅法逐渐失势，南禅进而一统天下，成为禅宗主流。

佛法无边

禅学弘传

惠能岭南弘法传美名（一）

惠能受五祖弘忍衣钵后，离开东山寺，渡过长江，到了九江驿，然后直接回到岭南。弘忍弟子知道本门衣法付与惠能后，会有些不平，有些人就向南追来。其中有个名叫惠明的僧人，行伍出身，他一直追到大庾岭上，终于追到了惠能。

惠能见惠明追来，将法衣给惠明，说道："衣钵代表法信，难道可以用力争吗？"

惠明有些不知所措，说："我为法来，不要其衣。"惠明的意思很明显，传衣虽表征了传法，但有衣并不代表有法，他要的是法，而并非仅仅是衣。

惠能便为惠明说法。说法的内容为"不思善，不思恶，正与幺

惠能禅师塑像

时，哪个是明上座本来面目"，意思是屏息一切因缘，不生一切念头，不想善恶，此时，哪个是你本来的面目？

惠明听后大悟，说："我虽在黄梅学习，但从没有反省过自己的本来面目，今蒙教诲，如人饮水，冷暖自知。"

惠能见惠明彻悟，便让惠明向北去弘法。惠明本是弘忍弟子，但因为听惠能说法而大悟，转而成为惠能的弟子。

惠能来到岭南，隐瞒身份，度过了5年劳苦的生活。667年正月初八，惠能来到了广州法性寺。

■ 古代陀罗尼经幢

当时正值印宗法师在讲《涅槃经》。惠能听到二僧在辩论关于风吹幡动的问题，一个说是风动，一个说是幡动，争执不下。惠能来到二僧面前说："不是风动，不是幡动，是你们的心动。"

惠能这句话震惊了四座，也引起印宗法师的注意。印宗久闻禅宗衣钵传人南来，现在看到惠能谈吐不凡，便猜想是禀受衣法者，一问果真如此。遂请惠能拿出衣钵，众人礼拜。

印宗向惠能请教五祖弘忍禅法，惠能说："只讲见性，不论禅定、解脱。"

印宗又问："为何不论禅定？"

惠能说："那是二法，佛法是不二之法。"

印宗紧问："什么是不二之法？"

惠能回答说："一者善，二者不善，佛性非善非

法性寺 我国古刹之一，位于广州西北部，又叫作制旨寺、制止道场，今称为光孝寺。东晋时，罽宾僧始造立寺宇，号王园寺。南朝时，真谛住此翻译经典，慧恺、僧宗等亦跟随来此，一时译经风盛。

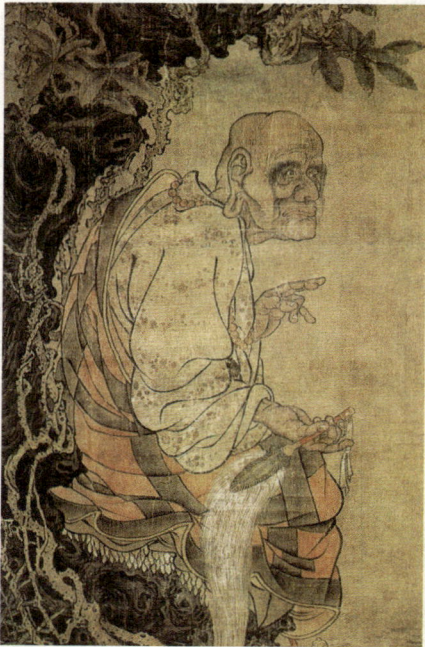

■ 古画《十六罗汉图》之局部

曹溪 水名，在广东曲江县东南双峰山下。以六祖惠能在曹溪宝林寺说法而得名。据史料记载，六祖在曹溪达40年之久，留下了许多遗址遗迹，如脚印、避难石、浴堂村、狮子岩、坛经、开悟泉、九龙泉、菩提树等等，每一处都有引人入胜的故事。

不善，这就是不二。"

印宗听后，欢喜合掌，自叹弗如，称自己的讲经"犹如瓦砾"，而惠能的说法"犹如真金"，愿拜惠能为师。

672年正月十五，印宗亲自为惠能落发剃度，并请智光禅师为之授戒。自此，惠能算正式出家为僧。从此，他的嫡传身份也就公之于天下。

刚开始，惠能就在法性寺菩提树下弘扬法门，收徒传法，逐渐名振岭南，前来求法学禅的人日益增多，法性寺难以容纳诸多僧众。

惠能在落发剃度的第二年春天，前往韶州曹溪山宝林寺传经弘扬禅宗。在当地人的支持下，大建寺院，广收门徒，使曹溪法门名播天下。

曹溪宝林寺是岭南的禅学中心，当时任韶州刺史的韦琚也信奉佛教，慕惠能之名，特邀惠能下山至韶州城里的大梵寺为众说法。

一天，韦琚问六祖："弟子有个疑问，愿和尚大慈大悲，为我解说。"

惠能回答："有疑难就问。"

韦琚说："达摩祖师初到我国，梁武帝问祖：'我一生中建造寺庙，广抄经书，广设斋会，这有什么样的功德？'达摩说：'实在是没什么功德。'弟子我不能理解这个道理，希望大师能为我解脱。"

惠能说："造寺度僧，布施设斋，乃是求福，不能把福德与功德混为一谈。功德不是布施供养所能得到的。"

惠能的解答，让韦璩受益匪浅，从此以后更加敬重惠能禅师，做官一方，造福百姓。

一天，惠能辞别大梵寺的众位师兄弟，在韦璩的陪同下，回到了南华山宝林寺。惠能刚刚回来，门外就有人求见，来人是法海和尚。

法海本是韶州曲江人，他到大梵寺去谒拜惠能时，惠能已经回宝林寺了，因此，他又赶到宝林寺来。惠能见法海诚心前来问法，便在法堂里接见了他。

法海见到六祖禅师立即参拜，拜毕问："弟子请问和尚，'即心是佛'这是什么道理？请和尚慈悲为我指示晓喻。"

惠能说："前念不生即心，后念不灭即佛，成一切相即心，离一切相即佛。"

法海听了即时豁然大悟。惠能又说："听我给你说偈：'即心名慧，即佛乃定；定慧等持，意中清净。悟此法门，由汝习性。用本无生，双修是正'。"

古代精美的木雕佛

这段偈语的意思是说：无念即心名叫慧，离相即佛就是定；定和慧均等修持，心意自然常清净。能悟这顿教法门，由你习性所自得。定体慧用本无生，定慧双修才是正。

法海在六祖的开示下，领会了"即心是佛"的道理。他从此就在惠能身边学法，成了惠能的得意门徒。

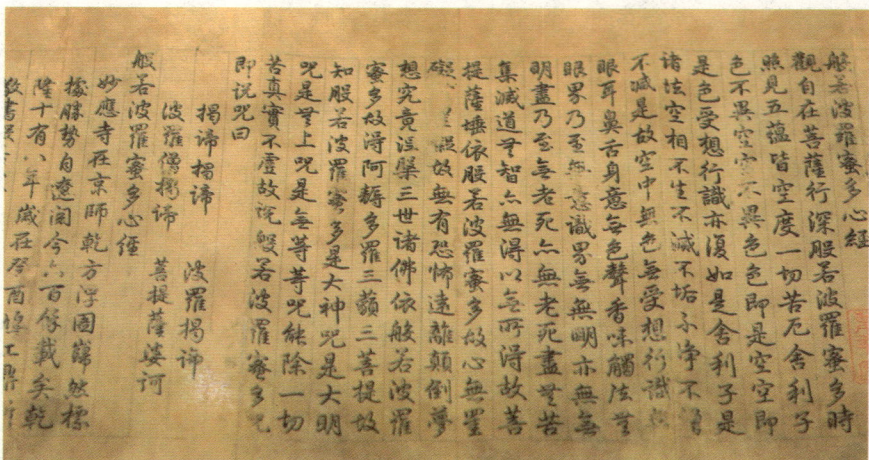

古经籍《般若波罗蜜多心经》

惠能讲法时，法海记录整理当时的开法情况，编成了《六祖法宝坛经》，此经成为禅宗的主要经典。

在韶州，除了在宝林寺，惠能还在广果寺等寺院传经弘法，每次都引起了轰动，受众人数很多很多。

惠能弘扬禅宗，主张"顿悟"，其思想影响了华南诸宗派，人称"南宗"，惠能被尊为南宗之祖。

除了在广州、韶州弘法外，惠能又先后在河南南阳、洛阳大弘禅法，使南宗的影响与声望越来越大。

当时有一位禅师叫智隍，他曾参拜五祖弘忍大师，自以为得到传授，就来寺庙打禅，达20年之久。惠能的一个叫玄策的弟子游览河北，路过此地，他问智隍："你在这干什么？"智隍回答说在"入定"。

玄策又问道："你所说的入定，是有心的入定呢，还是无心的入定？若是无心的入定，一切草木瓦石都可以叫入定；若是有心的入定，一切有情感知觉的生物都应该得到入定。"

智隍说："我入定时没有'有''无'之心。"

洛阳 位于洛水之北，水之北乃谓"阳"，故名洛阳，又称洛邑、神都，历史上先后有商、西周、东周、东汉、北魏、西晋、隋、唐等13个正统王朝在洛阳建都，拥有1500多年建都史。

玄策说："既然没有'有''无'之心，就是常定。既是常定，又有什么'出''入'呢？"

智隍不能对答，说："请问你拜谁为师？"

玄策说："曹溪六祖。"

智隍问："六祖怎么讲禅定？"

玄策说："五阴本空，六尘非有。不出不入，不定不乱。"

不久，智隍到曹溪拜谒惠能，陈述了上面的情况。

六祖说："正如你谈到的，要心如虚空，又不执着于空见，无障无碍，动静无心，就如你的自性的样子，何时不定呢？"

智隍大悟。六祖又开示众人说："什么叫坐禅呢？对外界一切善恶环境不起心念叫坐；对内自性不动叫禅。什么叫禅定呢？对外能摆脱一切现象的干扰为禅，内心不乱为定，外禅内定，就是禅定。"

经此一事，惠能的名声更加响亮，前来曹溪宝林寺听法的人更加络绎不绝，人潮如织。

有个名叫法达的僧人，读完3000部《法华经》，却不知道此经的宗旨，就前来请教惠能。

惠能慈悲地告诉他："这部经是以因缘出世为宗，佛是因一大事因缘才出现于世间的，这一大事，指的是佛的知见，佛的知见，就是指人的自心。世人口善心恶，贪嗔嫉妒，侵人害物，都是因为心邪，若能正心，常生智慧，观照自心，止恶行善，就是开佛的知见。"

法达问："那么懂得义理，就不需要诵经了？"

古代汉白玉佛像

武则天拜佛舍利

惠能说："口诵心行，就是转经；口诵心不行，即是被经传。"法达听后大悟。

禅学与经教是对立的，禅学不重知识，只讲顿悟。达摩的"不立文字，直指人心"讲究的就是顿悟。惠能注重的也是心转。

惠能在曹溪宝林寺说法30余年，门徒众多，人称为岭南活佛，其影响很大，最终引起唐王朝的关注。

唐王朝曾几次礼请惠能。692年，武则天派天冠郎中张昌期前往韶州曹溪"请能禅师"，惠能托病不去；到696年，唐王朝"再请能禅师"，惠能还是不去，没有办法，唐王朝只得请袈裟入道场供养。

武则天晚年又再次派薛简迎请惠能，惠能依然予以拒绝。到唐中宗李显时的707年，此时武则天早已去世，唐中宗又派薛简再请，惠能以年迈风疾为由，辞却不去。薛简恳请说法，然后将记录带回复命。

唐中宗赠惠能摩衲袈裟一领、宝钵一口以为供养，下诏将宝林寺改为中兴寺。神龙二年，也就是706年，又下诏将新州报恩寺改国恩寺。

中华精神家园

信仰之光

淡定人生

禅宗历史与禅学文化

（下）肖东发 主编　杨国霞 编著

吉林出版集团

北方妇女儿童出版社

惠能岭南弘法传美名（二）

713 年阴历七月八日，惠能带领门下弟子法海等回新州国恩寺。这一年的阴历八月初三，惠能圆寂于国恩寺，世寿 76 岁。这一年阴历十一月十三日，惠能坐化的神龛及承受的衣钵，从新州国恩寺迁往宝林寺。

惠能说法，弟子法海记录，辑录成《南宗顿教最上大乘摩诃般若波罗蜜经六祖惠能大师

唐代弘法壁画

于韶州大梵寺施法坛经》，简称《六祖坛经》。这部经卷记载惠能一生得法传宗的事迹和启导门徒的言教，内容丰富，文字通俗，是南宗的教义根据。惠能创立了有我国特色的佛学教派，他的佛教思想影响遍及日本和东南亚各地。《六祖坛经》成为研究我国和世界佛教史、思想史、哲学史的历史巨著之一。

淡定人生

禅宗历史与禅学文化

阅读链接

禅宗五祖弘忍于672年创建的五祖寺，位于湖北省黄梅县东12千米的东山，当时称东山寺，后世改称五祖寺。它是佛教禅宗五祖弘忍大师说法道场，也是六祖惠能大师得衣之地。

五祖寺自建寺以来，每年朝山的香客数以万计，不少的文人骚客前来游览，并留下许多赞美的诗句。它既在我国佛教史上占有极其重要的位置，又是著名的旅游胜地，而且在国际上，特别在日本、印度等国家享有盛誉。

禅宗正统体系的确立

　　五祖弘忍的门下有个叫神秀的弟子，也深得弘忍的赏识。神秀俗姓李，汴州即今河南开封人，自幼学习经史，博学多闻，受到了老庄玄学、《书》、《易》大义、"三乘"经论和《四分》律仪等儒释道的全面熏陶。

　　神秀早年当过道士，50 岁时，到蕲州双峰山东山寺参谒禅宗五祖弘忍求法，后出家受具足戒，曾从事打柴汲水等杂役 6 年。弘忍深为器重，称其为"悬解圆照第一"、"神秀上座"，令为"教授师"，就是负责教育其他门人。

　　神秀跟随弘忍的时间远较惠能长，惠能被派在碓房里踏碓时，神秀已经跟随弘忍第六个年头了。

　　在弘忍圆寂之后，神秀来到荆州当阳山玉泉寺弘禅，20 余年中门人云集，

佛教禅师塑像

菩萨彩像

影响渐大，成为当时禅学中心，渐渐形成了禅学一宗，称为北宗，神秀被尊为北宗禅之祖。

武则天闻听神秀的大名，于700年派人延请神秀来到洛阳，后又召到长安内道场弘法，深得武则天敬重。据说，武则天迎神秀禅师入京时，亲自行跪拜之礼。

705年，武则天挽留神秀，并自称弟子。唐中宗时，对神秀更加礼重。

当时的中书令张说也向他问法，并执弟子礼。

四祖道信创东山法门，五祖弘忍将其弘扬光大。四祖的东山法门禅法，也就是"念佛禅"，念佛禅就是把"不立文字，教外别传"的禅宗，通过有佛经文字，有修行模式，成为让一般修行人能接受的禅宗法门。

以神秀为代表的北宗禅学，忠实地继承了四祖道信和五祖弘忍的东山法门，丝毫没有变化，弘忍禅师曾赞叹道："东山之法，尽在秀矣。"北宗强调"渐修渐悟"，史称北渐。

反映神秀禅法思想的主要文献是他的《观心论》。

《观心论》亦名《破相论》和《大乘无生方便门》，又名《大乘五方便门》，集中反映了神秀的禅法思想。

从《观心论》的内容来看，神秀的禅法思想有一重要特点，就在于他处处不忘教导弟子自己觉悟内心本具的真如佛性，使其不受无明染心的束缚，从而摆脱烦恼，免除痛苦。

神秀认为，客观外界都是由心所引起而产生的。他要求人们唯在观心。他说："心者，万法之根本也。一切诸法，唯心所生。若能了心，万行具备。心既然是万法之根本，那么心就是体了。"

神秀特别重视内在心性的作用。在神秀看来，努力让内在的心性摆脱无明的束缚，让真如清净无染的自心呈现出来，才是真正踏实的修行。而那些只注重表相，在一些事相上用功夫，并不能算作是真正的修行，不过就是得些福报，尽是"有为功德"。因此，神秀的禅法思想与传统的解释，存在着不同，形成自己的特色和风格。

神秀在北方佛教徒中，有着深刻的影响和崇高地位。他使东山法门发展到顶峰，使北宗的势力盛极一时。这时，神秀已经年岁很大了，最后圆寂于洛阳。

神秀的丧礼办得极其豪华荣耀。禅宗一门，立即声名倍增。在唐中宗、唐睿宗朝，弘忍的弟子相继奉诏入京，神秀的弟子辈，诸如普寂、义福等，也受到朝廷权贵的支持和崇信，封为"国师"。

与北宗不同的是，南宗嫡传的并不是来自四祖、五祖的东山法门，而是嫡传了佛陀以心印心，不立文字，教外别传的宗法。

惠能认为一切般若智慧，皆从自性而生，不从外入，若识自性，"一闻言下大悟，顿见真如本性"，因此，他提出了"即身成佛"的"顿悟"思想。"顿悟"思想贯穿于惠能整个弘法授徒之中，史称南顿。

实际上，北宗也讲究顿悟，但北宗所说的顿悟，是由渐至顿，恍然大悟。而南宗的顿悟，则是单刀直入，悟在刹那间，如弹指，即刻见性成佛。

南宗禅法以定慧为本。定慧即"无所住而生其心"，"无所住"指"定"，"生其心"即"慧"。惠能从"无所住而生其心"的经文中，悟出了定慧等学微旨。禅宗的一切思想，皆从此义引申而来。

根据史书记载，惠能曾经在曹溪宝林寺讲

唐中宗（656年~710年），李显，原名李哲，唐高宗李治的第七子，武则天的第三子。章怀太子李贤被废后，立为皇太子。705年即位。在位期间，恢复唐王朝旧制，免除租赋，设十道巡察使，置修文馆学士，发展与吐蕃的经济、文化交往，实行和亲政策。唐中宗前后两次当政，共在位5年半。

唐睿宗（662年~716年），李旦，又名李旭轮，唐高宗李治第八子，武则天幼子。他一生两度登基，三让天下，在位8年。公元690年让位于母后武则天，被封为皇嗣。公元710年再度即位。公元712年禅位于子李隆基，称太上皇，居5年去世，享年55岁，葬于唐桥陵。庙号睿宗，谥号玄真大圣大兴皇帝。

壁画《反弹琵琶》

坐禅 佛教修持的主要方法之一，就是跏坐而修禅。佛教讲因缘，也就是内因，外在条件，因此，要想坐禅有成就，对初学者，要有个好的因缘。最要紧的，一要发愿坚持修炼，二要持戒，就是最基本的"不邪淫"一定要遵守。同时戒除一切不良的生活习惯。坐禅也是民间爱好佛学者理疗、养生、悟道的一种修炼方式。

法，天下学徒，不远千里，慕名前来，大家都觉得一定能聆听到深奥的教诲，在修行上获得长足地进步。

时间一长，他们觉得实际情形与自己内心的企盼完全不同，以前，他们在每天都要做功课，除了干一些杂务，大部分时间是在打坐入定。现在惠能大师干脆什么也不管，只是吩咐大家每天干些琐碎的杂活。

众人议论越来越多，惠能认为说法的时候到了，便召集众人在大讲堂，开门见山地说："今天将大家召集在一起，专门讲讲坐禅的问题。"众人一听，顿时群情振奋。

惠能告诉大家说："近日来，我听到大家的许多议论，抱怨我们这里不注重坐禅。其实我们每天都在坐禅，只不过我们的坐禅不是让人静坐不动，而是从心所欲，不须拘泥，举手投足，皆在道场。"

他又说："只要保持心性的纯洁，不受善恶是非观念的影响，就是'坐'；心灵净化自识本性，就进入'禅'的境界，外动而内静，比起那些终日静坐、内心却心猿意马的僧人来，当然是好的。"

南宗认为佛性本有，因此提倡心性本净，见性成佛。主要依据是达摩的"二入"、"四行"学说。"二入"指"理入"、"行入"。

"理入"凭借经教的启示，深信众生同一真如本性，但为世俗妄想所覆盖，不能显露，所以要舍妄归真，修一种心如墙壁坚定不移的观法，扫荡一切差别相，与真如本性之理相符。"行入"是指禅的实践。

"四行"为：报怨行、随缘行、无所求行与称法行，属于修行实践部分。"四行"与"二入"相辅相成，共同构成南宗的理论基础。

顿悟不容易，所以六祖惠能说："我此法门，乃接引上上根器人。"上等根器还不算，要上上根器，

根器 佛教教义名词，指先天具有接受佛教的可能性。植物之根能生长枝干花叶，器物能容物，然所生所容，有大小、多寡之不同；修道者能力亦有高下，故以根器喻之，俗谓学道者为有根器即此义。"根"比喻先天的品行，"器"，比喻能接受佛教的容量。

079

佛法无边

禅学弘传

■ 佛教罗汉画像

惠能恢复前代佛教僻居山林的修行方式，他一生远遁岭南弘法。北方主要是以神秀为代表的禅学北宗弘法范围，他不愿涉足。另外，惠能不愿交游权门，刻意与朝廷保持一定距离，保持了自达摩禅以来历代祖师山林佛教的特色。

惠能提倡自然的修行生活，无异于世俗平凡生活，他甚至提出了"若欲修行，在家亦行，不由在寺。"把修行活动深入到世俗生活的每个角落，而不仅仅限于僧侣生活。

以神秀为首的北宗畅行北方，以长安、洛阳为中心，主张以笃践实履之精神修行禅法，力主"渐修"，而南宗主张"顿悟"，针锋相对，因南、北二宗宗风的不同，当时有"南顿北渐"之说。

"南顿北渐"到底哪个是禅宗正统，这个问题当时曾引起争论，当武则天要请神秀禅师担任国师时，神秀禅师却说："我没有这个资格，传承衣钵是师弟惠能禅师。"从中可以看出神秀是把惠能当作禅宗衣钵传人的，同时也可以看出神秀的器量。

神会禅师是惠能晚期弟子，俗姓高，湖北襄阳人。童年从师学五经，继而研究老庄，都很有造诣。后来读《后

■ 佛教禅师石雕像

禅宗历史与禅学文化

汉书》知道有佛教，由此倾心于佛法，遂至本地国昌寺从颢元出家。他理解经论，但不喜讲说。

神会30岁到34岁，在荆州玉泉寺跟从神秀学习禅法。700年，因武则天召他入宫说法，便劝弟子们到广东韶州从惠能学习。

神会来到曹溪后，在那里住了几年，很受惠能器重。一天，神会问六祖："师父坐禅，见还是不见？"

惠能用手杖打他，并问："我打你痛还是不痛？"

神会回答说："也痛也不痛。"

惠能接着说："我也见也不见。"

神会又问："什么叫也见也不见？

惠能说："常见自己的过错，不见他人的是非。你说的也痛也不痛怎么讲？若不痛，与树木土石有何差别？若痛，即起仇恨，与俗人无异。我见则我见，难道会代你迷惑，为啥不自见自知，却来问我见与不见。"

神会似有所悟，从此精进不懈，佛学见地与日俱增。为了增广见闻，他不久又北游参学。先到江西青原山参行思，继至西京受戒。

唐中宗时的景龙年间，神会又回到曹溪，惠能知道他的禅学已经纯熟，就在圆寂前授予印记。

■ 鎏金佛像

佛教天王雕像

720年，神会受命前住南阳龙兴寺弘法。这时他的声望已隆，南阳太守王弼和诗人王维等都曾来向他问法。

神会北归以后，看见北宗禅在北方已很盛行，于是提出南宗顿教优于北宗渐教的说法，并且指出达摩禅的真髓存于南宗的顿教。他认为北宗的"师承是傍，法门是渐"，惠能才是达摩以来的禅宗正统。

唐玄宗开元年间的724年，神会在河南滑台的无遮大会上，惠能的弟子菏泽神会辩倒了神秀门人崇远、普寂，建立了南宗宗旨。

神会提出一个修正的传法系统："达摩大师传一领袈裟以为法信授予慧可，慧可传僧璨，僧璨传道信，道信传弘忍，弘忍传惠能，六代相承，连绵不绝。"最终使得南宗成为我国禅宗正统。

阅读链接

惠能不认识字。神秀的门人经常讥讽惠能不识一字，没有什么长处，说"能大师不识一字，有何所长？"但神秀本人并不是如此说法，他告诉徒众说："惠能大师得无师之智，深悟上乘，吾不如也。"由此可见，神秀大师虚怀若谷，他对六祖的禅法更是肯定和推崇。

惠能对于神秀也是十分尊崇。如，神秀大师曾派弟子志诚去亲近他，他曾经这样对志诚说："汝师戒定慧，接引大乘人；吾之戒定慧，接最上乘人。彼此悟解不同，见有迟疾。"言下之意就是，悟道都是一样的，只是前后略有差别而已。

道一开辟禅宗新境界

南北宗之争，虽然一时间激烈，但持续没有多长时间，北宗神秀一派，自创始人神秀之后，不久即衰落。而南宗在后世却保持了绵延不绝的发展态势，成为禅宗的主流。惠能门下有众多弟子，著名弟子有南岳怀让、青原行思、石头希迁、菏泽神会、南阳慧忠、永嘉玄觉，形成禅宗的主流。其中，以南岳、青原两家弘传最盛。

道一和尚画像

南岳怀让，俗姓杜，金州，即后来的陕西安康人，从小就喜欢阅读佛经。有一天，来了一位玄静法师对怀让的父母说："这孩子相貌超然，出俗不染，实在是不可多得的法器，这孩子如果能够出家的话，将会有所成就，

律宗 我国佛教宗派之一。因着重研习及传持戒律而得名。实际创始人为唐代僧人道宣。因依据无德部、萨婆多部、弥沙塞部、迦叶遗部、婆粗富罗部，这5部律中的《四分律》建宗，也称四分律宗。又因创始人道宣住终南山，又有南山律宗或南山宗之称。

而且可以广度众生。"

在玄静法师的引导之下，15岁的怀让，在荆州玉泉寺弘景律师座下出家。满12岁的怀让受具足戒。

弘景律师在当时是负有盛名的律宗学者，指示怀让用心研读律藏。每日钻研文字般若的少年怀让，不免感叹："夫出家者，当为无为法，天上人间，无有胜者。"

同门的坦然法师了解到怀让的志气超迈，于是劝怀让一同前往拜谒深受隋炀帝和唐高宗尊崇的嵩山慧安大师。

慧安大师是五祖弘忍大师的门徒，五祖圆寂后，慧安大师来到中岳嵩山，便在此处定居，遁世离俗。

■ 佛教舍利佛塔

怀让和坦然法师在顶礼慧安大师后，直接说明来意，请教佛法的大义。

在一番请益后，坦然法师当下明了真心，认为惠安已经了解透彻。而怀让禅师的机缘还不具足，慧安大师知怀让将来定为禅门高僧，所以指点他到曹溪参礼六祖大师，习学无上心法。

怀让遂南下，跋山涉水，来到曹溪宝林寺，面见六祖，至诚礼拜。六祖即问："你从何处来？"

怀让回答："我从嵩山来。"

虽然这是从事上回答，但"嵩山"可能表事，也可能表理。

为了更进一步测验他是不是开悟了，六祖接着问："嵩山像什么样子？你从嵩山的哪个方向来？"

怀让回答："嵩山没有形象，什么都不像。能说出个形象，就不是嵩山真正的相貌。"

怀让所回答的嵩山，显然不是以嵩山的形体、事相来回答，而是指他的心境。

六祖大师为了再进一步勘验，又问："还可修证吗？"

怀让马上不假思索地回答："这念心非关修证，亦无法污染。"

■ 琉璃舍利瓶

六祖大师欣喜，说："只此不染污的这念心，即是诸佛之所护念。你是这样，我也是这样的。"

六祖接着又说："在你门下将出一匹马驹，这马驹一出世，便会踏杀天下人。这件事情你要牢牢记在心里，不要急着说出来。"

得到印证的怀让禅师，留在六祖身边侍奉15年之久。713年，六祖入灭一年后，怀让才离开宝林寺来到南岳衡山般若寺，弘扬佛法，开创了南岳一系，世称南岳怀让。

一日，衡山来了一个名叫道一的和尚，他不看经，不问法，终日在寺院坐禅。怀让禅师知道这位年

衡山 我国五岳之一，位于湖南衡阳南岳区，被称为南岳衡山。南岳是道教主流全真派的圣地。由于气候条件好，处处是茂林修竹，终年翠绿；奇花异草，四时飘香，自然景色十分秀丽，因而又有"南岳独秀"的美称。

淡定人生

禅宗历史与禅学文化

大德 源于梵文，敬称词。在印度，是对佛、菩萨或高僧的敬称。于诸部律中，凡指比丘众，称"大德僧"。在我国隋唐时代，凡从事译经事业者，特称大德。此外，统领僧尼的僧官，也称大德。近代以来，"大德"一词已被广泛使用，凡是有德有行的人，不论出家、在家，都以"大德"尊称之。

■ 观音菩萨像

轻法师可为法门龙象，一日上前询问："大德坐禅，图什么？"

道一回答："图成佛。"

怀让禅师便就地取了一块砖，在大石上不断地磨着。许久之后，道一问道："磨砖要做什么？"

怀让禅师回答："我要把砖磨成镜子。"

道一又问："砖头怎能磨成镜子？"

禅师答说："磨砖既无法成镜，难道坐禅就能成佛吗？"

道一接着问："应该如何才是？"

禅师说："就像让牛驾车，车不动了，应该打车，还是打牛呢？"

接着又说道："你学坐禅，是为了学坐佛吗？如果是学坐禅，禅非坐卧；若学坐佛，佛非定相。于无住、无为的心法，不应生取舍分别。你若执着佛由禅坐而得成就，就是误解佛法，执着禅坐之相，不能通达佛法究竟的道理。"

道一法师听到怀让禅师这样的开示，一下顿悟，对怀让禅师再三恭敬礼拜。从此不离怀让左右，前后共达9年，在这里他度过了自己的青年时代。

道一禅师33岁时，前往福建和江西，开始了他以后大半生开堂说法，开始了大宗的"祖师"生涯。

742年，道一在建州建阳即今福建建阳的佛迹岭收了志贤、慧海等弟子，这是他开堂说法之始。当时条件艰苦，道一筚路蓝缕，自创法堂，他在佛迹岭为时很短，也就大约一两年的光景。

大约在745年，道一前往江西临川西里山。此后，他在南康即今江西南康县龚公山居住时间更久。

唐代宗时的773年，道一移居钟陵即今江西省进贤县开元寺，此处接近洪州即今南昌，此后即以洪州为中心弘传佛法，直至圆寂。

在当时，人们称道一的禅法为"洪州禅"，称该派系为"洪州宗"。由于道一俗姓马，人们便尊称他为"马祖"。

道一禅师每到一地总是开创禅林，聚徒说法，广泛交纳，在他之前，禅宗没有独立的寺庙，都皈依在律宗寺院内。道一率领门徒，开垦荒山，另建丛林。他的弟子百丈禅师制定禅院制度，确立禅宗独立的生活制度，禅宗从此完全独立。

马祖道一上承六祖惠能，下启后期禅宗临济派、沩仰等派的先河，是中期禅宗最主要宗派祖师。作为南岳怀让的嫡传弟子，马祖道一在思想上最重要的基础是六祖惠能"即心即佛"的传承。

马祖道一教导弟子们："你们要相信自心是佛，此心就是佛心，心外无别佛，佛外无别心。达摩祖师

■ 唐代壁画《诸菩萨众图》

唐代宗 （726年～779年），李豫，唐肃宗长子，初名俶，原封广平王，后改封楚王、成王，唐朝第八位皇帝，762年至779年在位。763年，唐代宗平定了安史之乱，此后为求安定，大封节度使，造成了藩镇割据，致使唐王朝的政治和经济状况进一步恶化。

淡定人生

禅宗历史与禅学文化

■ 佛祖石雕造像

从天竺来到中华，传上乘的一心之法，就是要你们觉悟到这些。"

马祖道一最初是完全继承了惠能以来的思想。但由于"即心即佛"只能接引上上根基人，可众生根基千差万别，鉴于此，道一祖师又提出了"非心非佛"说。从两个方面来说，众生的心性与佛性无异。

一天，有一位大德问道一："即心是佛又不得，非心非佛又不得，师意如何？"

道一答曰："大德！且信即心是佛便了，更说什么得与不得。"

道一有个弟子叫法蒂，听说"即心即佛"，顿时大悟，后来去了大梅山。道一想了解他领悟的程度，就派人去试探。

派去人问法蒂："和尚在马师那里得到了什么？"

法蒂说："马师教导我即心即佛。"派去人又说，"近来马师又有所变化，说'非心非佛'了。"

法蒂断然回答："这老汉惑乱人，未有了也，任汝非心非佛，我只管即心是佛。"

派去的人回来禀告道一。道一听后欣喜地说："梅子熟也。"

这种肯定是以"平常心是道"表现的。这是道一佛性思想的逻辑的终点，也是道一晚年的定论。

所谓"平常心是道"，道一自己有解释：若欲直会其道，平常心是道。何谓平常心？无造作、无是非、无取舍、无断常、无凡圣……只如今行住坐卧，应机接物，尽是道，道即是法界，乃至河沙妙用，不出法界。

道一门下弟子众多，《景德传灯录》谓"师入室弟子一百三十九人，各为一方宗主，转化无穷。"六祖惠能的后世，以道一的门叶最繁荣，禅宗至此而大盛。

789年，道一登建昌石门山，经行林中托付后事，于同年2月4日圆寂，享年80岁。唐宪宗谥其号为"大寂禅师"。道一的言行，后人辑有《马祖道一禅师语录》、《马祖道一禅师广录》各一卷。

炽盛光佛和五星图

阅读链接

道一在教化过程中很有自己的见解和方法。有位僧人在道一面前作四画：最上一画长，下面三画短。僧人说："不能说'一画'长，'三画'短，除开这四个字，请和尚回答。"道一在地上作一画，说："不得道长短！"僧人顿悟。

道一的意思是说，进入禅境的人，是没有长与短、大与小、好与坏等对立观念的。一切现象变幻不已，没有常态，当体验到一切现象是不实在的东西时，便能从现象造成的"人我"、"是非"等混乱观念中解放出来，从而获得本体的宁静。

希迁又开禅学新起点

惠能门下有个叫希迁的弟子很有名气，也深得六祖惠能的赏识。希迁俗姓陈，端州高要即今广东肇庆人。希迁年少时性格刚强好动，重承诺，敢作敢为。当时生活的乡邑敬畏鬼神，多淫祀之风，祭祀时，多杀牛祭酒以祀神灵，每当此时，他即挺身而出，毁祠夺牛。一年之中，这种情况不知道发生多少次。

希迁画像

希迁的故乡地近新州和曹溪，曹溪是六祖惠能晚年生活的地方。希迁闻听惠能大名后，遂前往曹溪拜在了惠能门下，可惜不久惠能就告别人世。据说，在惠能即将圆寂前，有一小沙弥忧伤地近前问讯："和尚百年后，当依附何人？"

六祖微微一笑，答以三个最简洁的字："寻思去！"这个小沙弥就是希迁，当时他只有14岁。

在失去了指引灵魂的导师后，希迁一度经历了痛苦的彷徨求索期，或"上下罗浮，往来三峡"，或"每于静处端坐，寂若忘生"，可以想象其渴求之迫切。

在六祖离世后，希迁一直想着"寻思去"这三个字。一天，他有所醒悟，遂前往吉州庐陵即今江西吉安青原山静居寺，去找他的师兄行思禅师。

■ 无量寿佛塔

青原行思作为六祖门下年长弟子，本是希迁的大师兄，此时便义不容辞地担起了师父的责任。希迁受六祖熏陶而来，兼之极具慧根，故与行思见面后，问答之间，机辨敏捷。

当希迁初到青原山和行思见面时，行思问他从曹溪带来了什么，希迁说未到曹溪前，未曾失什么。

行思再问，那么为什么要到曹溪去，他就说，若不到曹溪，怎知不失。在这番简短的问答里，可以窥见希迁直下承当，自信之切。听到这样的回答，行思不禁欣然称道："众角虽多，一麟足矣。"

希迁在行思参学一段时间后，行思又遣他持自己的书信前往南岳怀让处，让他在南岳怀让那儿再修行一番。希迁最后圆满而归。

祠 原是同族子孙祭祀祖先的处所，后扩展为纪念伟人名士而修建的供舍，相当于纪念堂。这点与庙有些相似，因此也常常把同族子孙祭祀祖先的处所叫"祠堂"。祠堂最早出现于东汉末年，当时社会上兴起建祠抬高家族门第之风，甚至活人也为自己修建"生祠"。由此，祠堂日渐增多。

■ 持莲花菩萨石雕

麟 即麒麟，我国传统祥兽，在神话传说中，常把它作为神的坐骑。雄性称麒，雌性称麟。麒麟与凤、龟、龙共称为"四灵"。有时，麒麟简称麟。麒麟深厚的文化内涵，在我国传统民俗礼仪中，被制成各种饰物和摆件，主要用于佩戴和安置家中，主太平长寿。

因此，希迁少年时代受六祖熏陶后，青年乃至中年又得到了以上两位"大师兄"的及时促进，可以说占尽天时地利，后来他得行思付法，终成师徒之名。

大约在742年，希迁辞别青原行思，来到南岳，在一块巨石上结庵而居。此后，他一直活动于南岳及邻近地区，人称"石头希迁"。

石头希迁与马祖道一被称之为"并世二大士"。希迁过的是一种沉思默想的哲人生活，他直承了曹溪的宗旨，以"明心见性"为思想基础。他立宗的宣言是：

吾之法门，先佛传受，不论禅定精进，惟达佛之知见。即心即佛，心佛众生，菩提烦恼，名异体一。汝等当知，自己心灵，体离断常，性非垢净，湛然圆满，凡圣齐同，应用无方，离心意识，三界六道，惟自心现；水月镜像，岂有生灭，汝能知之，无所不备。

在六祖惠能以下，南岳、青原二系之分别，实际上是以马祖道一和石头希迁的思想理论为分水岭的。石头希迁与惠能及马祖道一显著的不同之处是，他注意了广泛地阅读，接受前贤今人的思想，本来悟性极高，眼界胸襟也十分开阔，虽然僻处南方一角，但对于江东和中原流行的牛头、华严诸家，对于佛教前贤著述以及道家和道教都颇有研究。

希迁著有《参同契》。"参同"二字，原出于道家，所谓"参"是指万殊诸法各守其位，互不相犯；所谓"同"意思是诸法虽万殊而统于一元，以见个别之非孤立地存在。

希迁借用"参同"的意思，意在发挥他"回互"的禅法。所谓"回互"是指万物互不相犯而又相涉相入的关系。"契"的意思是把这种思想导入禅观，应用于日常生活。

在《参同契》中，希迁反复阐明"一心"与诸法间的本末显隐交互流注的关系，以见从个别的事上显现出全体理的联系。这里有相互含摄的地方，也有互相排斥的地方。

希迁的门人颇多，著名的法嗣有药山惟俨、天皇道悟、丹霞天然、招提慧朗、潭州大川、潮州大颠等。

惟俨在同门中最受希迁器重，希迁晚年付法给他。药山惟俨传法于云岩昙晟，昙晟传洞山良价，良价传曹山本寂和云居道膺。后曹山一脉中断，赖云居门下单传，南宋时而兴。

佛教石刻经书残碑

龙树菩萨塑像

淡定人生

禅宗历史与禅学文化

另一方面，天皇道悟传龙潭崇信，崇信传德山宣鉴，宣鉴传雪峰义存而续传于云门文偃。义存的别系经玄沙师备、地藏桂琛而传法于清凉文益，为五家中最后出的法眼宗的开祖。

文益再传永明延寿，后者著有《宗镜录》100卷，导天台宗、唯识宗、贤首宗以归于宗门，集禅理之大成。

延寿禅师又以禅来融摄净土法门，开后世禅净一致之风，尤为我国佛教从教、禅竞弘转入诸宗融合的一个重要转折点，所有这一切，重要源头皆为石头希迁，可见其开宗立派之功。

阅读链接

马祖道一、石头希迁是同时代的人。石头希迁年长马祖道一大约9岁，马祖道一先石头希迁两年化去，两人都是六祖而后的宗门巨匠。两家虽师承宗风有别，但所提持者毕竟同出一源。

马祖道一和石头希迁道义弥笃，亲密无间，无丝毫门户之见，如丹霞天然初礼马祖道一，但是马祖道一顾视良久，说道南岳石头乃汝之师，丹霞天然于是前往投奔石头希迁。他们有时由参学僧口里暗通消息，如石头希迁问新到僧人从什么处来，答曰从江西来。又问见过马大师否，答曰见过。石头希迁继续问之，僧则继续答之所知马大师的有关情况。

百丈怀海禅师立清规

　　马祖道一门下有一个叫怀海的弟子，深得马祖道一赏识。怀海俗姓王，福州长乐县人，原籍太原，远祖因西晋时期战乱，移居到福州。

　　怀海早年在广东潮阳西山从慧照禅师落发，又到衡山依法朗受具足戒。因听说马祖道一在南康即江西赣县弘法，于是就前往参学，成为马祖道一门下首座。

　　怀海跟随马祖道一6年，得到马祖道一的印可。和怀海同时跟随马祖道一参学的还有智藏、普愿二人，他们各有所长，成为马祖道一门下鼎足而立的三大士。

　　马祖道一圆寂后，怀海前往洪州新吴即今江西奉新县大雄山另创禅林。此地山清水秀，山岩

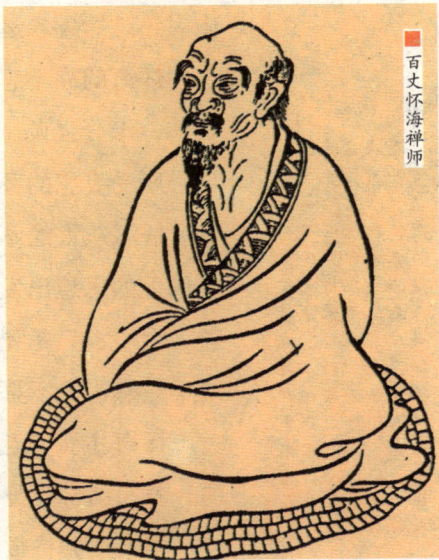

百丈怀海禅师

和尚诵经大堂

印可 "印"的意
思是决定无疑。
"印可"也就是
认可、许可的意
思。佛教一般用
"三法印",就
是三种决定之义
来判别是佛法还
是"外道"。在
禅门中,门人是
否开悟,要由禅
师来印可。佛或
祖师在印可弟
子、学人时,常
称"如是如是,
如汝所说"。

兀立千尺许,故此号称百丈山。百丈的住所更是断崖
绝壁,后人称怀海的禅法为"百丈禅"。

怀海开法不久,四方禅客云集百丈山,其中以沩
山灵佑、黄檗希运为上首,因此百丈丛林门风大盛。

怀海的禅学思想深得祖师惠能和师父马祖道一的
真传,十分强调佛法就在各人心中,学佛就是要消除
自心所受妄想的系缚,明心见性,也就是证得佛法。

怀海从人的不受善恶、是非、欲念污染的本心就
是佛性的思想出发,认为读经看教的关键在于会心,
若无会心,只是死记硬背,那么纵使把佛经要典读得
滚瓜烂熟,也不算修行。

怀海主张众生心性本来圆满,主要不被妄想束
缚,就与诸佛无异。根据这种思想,他修行的法门是
"一切诸法并皆放却"。有一天,有门下问什么是大

乘顿悟法要，怀海回答道："一切都要放下，莫记、莫忆、莫缘、莫念，放舍身心，全令自在。"

怀海教诲徒众的方法，与其师马祖道一相似，常常运用打、笑、大喝等形式，随机启发门人开悟。他还特别喜欢在说法下堂时，大众已经出去，却呼唤大众，等大众回过头来，却问道："是什么？"他借这种方法提醒学人反省，人称"百丈下堂句"。

马祖道一创建丛林以后，怀海禅师融合大、小乘戒律，制定了禅院清规。清规对寺庙所有人员的职责、禅院的种种事物都有详细的规定。

在当时，我国的禅宗发展遇到两大重要问题：第一是禅僧日益增多，却无独立的禅院，仍然与律寺杂居，于说法行道诸多不便；第二是寺院的土地和劳力来源都发生了困难，僧侣们面临着如何生存下去的严峻形势。在这种情况下，很多佛教宗派如法相宗、天

戒律 宗教禁止教徒某些不当行为的法规，以防止行为、语言、思想三方面的过失。指有条文规定的宗教徒必须遵守的生活准则，如佛教有五戒、十戒、二百五十戒等类。道教亦有五戒、十戒、一百八十戒等类。后也泛指其他成文或不成文的戒条。

■ 正在诵经的和尚

法相宗 是我国佛教13宗之一，又作慈恩宗、瑜伽宗、应理圆实宗、普为乘教宗、唯识中道宗、唯识宗、有相宗、相宗、五性宗。就广义而言，泛指俱舍宗、唯识宗等以分别判决诸法性相为教义要旨的宗派，一般多指唯识宗，或以之为唯识宗代称。法相宗的宗祖是唐代僧人玄奘。

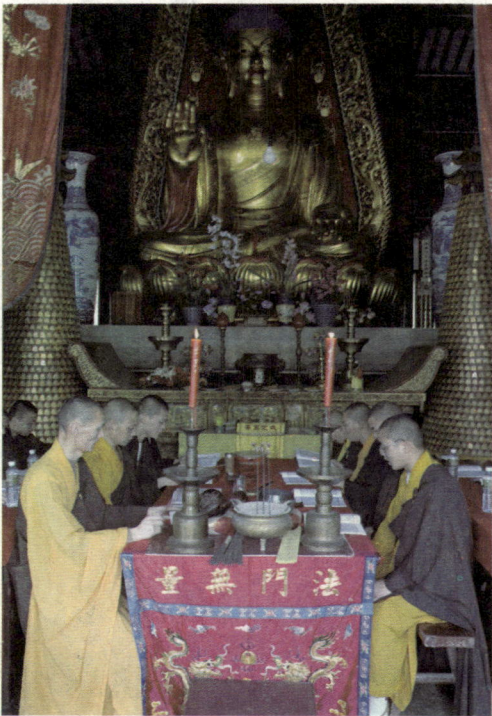

正在举行佛教仪式的僧人

台宗等，都不能适应形势的变化而迅速没落下去。

禅宗因为主张直指人心，见性成佛，不依靠豪华奢侈的堂殿、经像、法物，加上自六祖惠能大师以来，诸大师都不排斥生产劳动，甚至许多开山祖师都亲自参加了生产劳动，所以比其他各宗各派较能适应新形势，因此，在诸宗衰歇时禅宗反而获得了大发展的机会。

与此同时，禅宗僧徒的实际生活、生产状况与旧的教规、戒律发生了尖锐的冲突。旧教规和戒律极端轻视和排斥生产劳动，认为斩草、种树等活动都是"不净业"，僧徒若从事此类活动是违犯佛律的。这样，旧教规、旧戒律就成为禅宗发展的重大障碍。

怀海对禅宗面临的形势具有清醒而深刻的认识。他决心实行教规改革，为禅宗的发展扫清障碍。他提出："我们修行的是大乘法，岂能受属于小乘系统的戒律、教规所束缚？我们应该博采大小乘戒律规制的合理部分，根据需要，自己制定一套尽善尽美的新制度！"

怀海根据实际情况制定出一系列切实可行的新规制。首先是创立独立的禅院、禅寺，不与律寺混杂。

■ 佛教香坛

禅院或禅寺中不立佛殿，只树立法堂，此举表示佛法不依赖言象，只靠师父的启发和僧人自身的体认。这是将惠能"不立文字，教外别传"的主张制度化了。

怀海又努力调整丛林中师徒、同门间的关系，打破了旧寺院中尊卑、贵贱分明的等级结构，令僧徒不论高下，尽入僧堂。堂中设长连床，施横架挂搭道具。又规定悟道最深、德高望重的禅僧为化主，称为长老；独住一室，称为方丈。

长老说法时，僧徒在法堂分列东、西两行立听，宾主问答，激扬宗要。僧徒排列的次序，依出家时间即僧龄而定，不问出家前的贫富贵贱。这些内容属于生活和修行参学方面。

在生产方面，自长老以下，不分长幼普遍参加生产劳动，提出"一日不作，一日不食"的口号，并身体力行，"凡作务执劳，必先于众"。

小乘 也叫作"小乘教"、"小乘教法"，简称"小乘"，是对三乘佛法中的"声闻乘"、"缘觉乘"的统称。"乘"是梵文的意译，是指运载工具，比喻佛法济渡广大众生，像舟、车能载人由此达彼一样。

清规 佛教中僧尼必须遵守的戒规。我国禅宗寺院组织的规程和寺众日常行事的章则，也可说是中世以来禅林创行的僧制。后引申为：供人遵循的规范；指佛教或道教规定信徒应守的清规。今亦泛指一般的规章制度，多含贬义。

实行"一日不作，一日不食"这一制度，彻底否定了旧戒规轻视劳动、反对僧人劳动的内容，使僧徒劳动变成必要和光荣的事，从而开辟了一条农禅结合的道路，使禅宗迎来了更大的发展，也使各地禅僧分布的丘陵地和山区得到了很好地开发。

关于禅院事务的种种规定，怀海将它们编为一书，称为《百丈清规》。这一清规在百丈丛林推行开后，天下禅僧纷纷仿效，很快风行于全国。

怀海禅师制定的20条丛林要则如下：

丛林以无事为兴盛；修行以念佛为稳当；精进以持戒为第一；疾病以减食为汤药；烦恼以忍辱为菩提；是非以不辩为解脱；留众以老成为真情；语言以减少为直截；长幼以慈和为进德；学问以勤习为入

■ 供奉佛祖的香火

门；老死以无常为警策；佛事以精严为切实；山门以耆旧为庄严；遇险以不乱为定力；济物以慈悲为根本。

■ 古代禅僧画像

怀海门下有四五百人，每个人都要遵照清规工作、生活。怀海禅师以身作则，带头践行"一日不作，一日不食"的制度，门下各个都是自动自发，共有共享，同甘苦，共患难。

怀海禅师通过禅门清规，从组织体制、生产方式和生活方式上保证了禅宗的发展和繁荣，从实行方面保证了禅学的发展，价值和意义非常重大。

怀海禅师所立《百丈清规》，是我国禅宗丛林文化的缩影，是我国禅宗的一面旗帜，是我国禅宗历久不衰的一个保障。现今佛教丛林所实行的制度，就是依佛戒和《百丈清规》及当地情况而制定的制度。

阅读链接

怀海禅师把禅学运用于劳动实践，践行"一日不作，一日不食"的制度，到了90多岁的高龄，还和弟子们一起劳动。大家不忍心看他太劳累，就把他用的扁担、锄头藏了起来。

怀海禅师无可奈何，只好以绝食抗议，一连3天没有下地，也一连3天没有吃东西。弟子们没有办法，只好把工具还给他，他又高高兴兴和大家一道下地、吃饭、生活。"一日不作，一日不食"的制度成为禅院精神，怀海也由此成为丛林的楷模。

赵州禅师观音院弘法

禅宗六祖惠能大师之后第四代传人叫赵州禅师。赵州禅师俗姓郝，曹州郝乡人，幼年时孤介不群，厌于世乐，稍稍大些就辞别双亲，来到本州扈通院落发出家，法号从谂。后来听说池州南泉普愿禅师道化日隆，他便以沙弥的身份，前往参礼。

赵州禅师像

在南泉，普愿禅师一见从谂，便问："近离什么处？"

从谂答道："瑞像院。"

南泉禅师接着又问："还见瑞像吗？"

赵州答道："不见瑞像，只见卧如来。"

南泉禅师一听，翻身坐起，问道："汝是有主沙弥吗？"

从谂道："有主沙弥。"

■ 释迦牟尼佛及众
佛、菩萨像

南泉禅师又道："哪个是你主？"

从谂于是走上前，躬身问讯道："仲冬严寒，伏惟和尚尊候万福。"

通过交谈，南泉普愿禅师知道从谂是个不可多得的法器，遂收他为入室弟子。

后来，从谂前往嵩岳琉璃坛受了具足戒，之后，又重新返回南泉普愿禅师座下。

有一天，从谂入室问南泉禅师："如何是道？"

南泉禅师道："平常心是道。"

从谂又问："还能有所趋向吗？"

南泉禅师道："拟定趋向就背离了道。"

从谂问："不拟定趋向，怎么知道什么是道？"

南泉禅师告诉从谂："道不属于知的范畴，也不属于不知的领域，知是妄觉，那不疑之道的境界，就如大虚，廓然荡豁，哪里还有是与不是的分别呢！"

法器　又称为佛器、佛具、法具或道具。就广义而言，凡是在佛教寺院内，所有庄严佛坛，以及用于祈请、修法、法会等各类佛事的器具，或是佛教徒所携带的念珠，乃至锡杖等修行用的资具，都可称之为法器。就内义而言，凡供养诸佛、庄严道场、修证佛法，以实践圆成佛道的资具，即为法器。

■ 镏金观音菩萨像

唐宣宗 （810
年～859年），
李忱，唐王朝第
十八位皇帝，在
位时间共13年。
唐宣宗明察沉
断，勤于政事，
孜孜求治，喜欢读
《贞观政要》，
整顿吏治，限制
皇亲和宦官，恭
谨节俭，惠爱民
物，创大中开明
之政，讫于唐
亡，人思咏之，
谓之小太宗。

从谂当下大悟，从此通彻玄机。在南泉普愿禅师参学期间，从谂朝夕请益不倦，道业突飞猛进。

后来，从谂离开南泉，开始了漫长的游方生涯，他的足迹遍及南北诸丛林，并与许多禅门大德有过机锋往来。他曾经自谓云："七岁孩儿胜我者，我即问伊；百岁老翁不及我者，我即教伊。"

正是在南北广泛体验的过程中，从谂度过了一生中大部分的时光，迸发出大量隽永瑰奇的禅语。这些禅语在其产生的当时，即随着禅僧们的流动而四外散播风行开来。

唐宣宗大中年间的857年，从谂禅师80多岁以后，才来到河北赵州观音院，即后来的柏林禅寺，驻锡传禅，时间长达40年，僧俗共仰，为丛林模范，被称为"赵州古佛"。

赵州禅师证悟渊深，在接引信众的过程中，为后人留下了不少意味深长的公案。这些公案比较完好地保存在《赵州禅师语录》中。

赵州禅师有句禅话："佛是烦恼，烦恼是佛。"

有学僧不理解，请求禅师解释。赵州禅师答："为一切众生烦恼！"

学僧又问："如何免除烦恼？"

赵州禅师答："免除烦恼做什么？佛是烦恼，烦恼是佛。烦恼是修道成佛的缘起，佛由烦恼而生。"

　　一天，赵州的侍者文远和尚在殿里礼佛，赵州禅师用手杖打他一下，问："你在干什么？"

　　文远答道："礼佛。"

　　赵州禅师问："礼佛做什么？"

　　文远有些不解地说："礼佛也是好事情。"

　　谁知赵州禅师说："好事不如无。"在赵州看来，烦恼是病，佛道也是病，礼佛是好事，但执着于此就是坏事。所以他说好事不如无。无心无事，才是好事。

　　有一次，一个僧人请教赵州禅师："初生的孩子也具有六识？""六识"是指眼、耳、鼻、舌、身、意等对外界的见、闻、思等作用。

　　赵州禅师随即回答道："急水上打毬子。"

　　这个僧人不明白这句话的意思，就问另一位高僧。高僧告诉他："念念不停留。"

　　赵州禅师居住赵州观音院40年间，成德军节度使王镕，世居镇州即今河北正定，朝廷封为赵王。王镕多次请求赵州禅师去节镇府，而每次赵州禅师都以疾病为由推脱。后经王镕一再恳求，赵州禅师才去了一次。

　　王镕深感庆幸，急于营建一座寺院来供养赵州禅师。赵州禅师制止他说："如果你动了一根草，我马上就离开。"

释迦牟尼佛像砖浮雕

王熔将赵州禅师的功德言行上奏朝廷。唐昭宗下诏书，赐紫袈裟和"真际大师"的称号。弟子们群情欢悦，但赵州禅师却不以为然。

相传，赵州禅师居住的观音院有座著名的赵州石桥。有个僧人专程前来瞻仰，他看了又看，只见到一根独木桥。这个僧人找到赵州禅师，对赵州禅师说："我很早就向往赵州石桥，不知它在哪里？"

赵州禅师对他说："你用眼睛是看不到赵州石桥的。"

那个僧人又说："请告诉我，它到底是什么样子？"

赵州禅师说："它渡驴、渡马、渡一切众生。"在赵州禅师眼里，赵州石桥实际上指的是赵州禅师的慈悲，它可以渡一切生灵。

赵州禅师虽然道誉四布，但他的生活却十分朴素清贫。他的"绳床一脚折，以烧断薪用绳系之"，他就是在这种艰苦的生活环境中弘传祖师心印，接引四方学人。

赵州禅师的许多公案不仅启悟了当时的许多禅僧，而且流传后世，对后面的禅人也有所启迪。从宋代开始，赵州禅师的公案语录最频繁地为人们所参究，许多人在赵州语录的启发下明心见性。

阅读链接

赵州禅师是个看轻世俗的高僧。一次，成德军节度使王熔带领部下来拜见他。赵州禅师坐在禅床上与他们相见，并且先问："你明白我的意思吗？"王熔回答说"不明白"。禅师见王熔未明其意，于是，转而解释说："自小持斋身已老，见人无力下禅床，请别见怪。"王熔非但不见怪，反而于次日派一位将军前往赠送礼品。赵州禅师听说后即下床相迎受礼。

事后弟子们不解，就问赵州禅师："大王来时，你不下床，大王的部下来时，你却下床相迎，这是为什么？"赵州禅师对弟子们说："你们有所不知，人分上中下三等，但并非以身份而论。上等人来时，禅床上应对；中等人来时，下禅床接待；末等人来时，要去山门外迎接。"

禅学对其他文化的影响

    禅学对我国传统艺术的影响，远比其他传统宗派广泛和深刻。它作为一种相对独立的思想体系，对儒家、道家文化，以及园林、音乐等艺术领域，均产生了相当大的影响，并且丰富了我国佛教的内涵。

    禅宗在唐时，达到了全面的兴盛，一时间禅风大作。唐宋时期，士大夫等知识分子竞相探讨禅学，研究心性之学。

    唐宋八大家之一的柳宗元，本是一介大儒，但他出入禅门甚密，并曾为六祖写了《曹溪第六祖赐谥大鉴禅师碑》的铭。大诗人白居易曾问道于鸟窠禅师。宰相裴休曾依黄檗大师学禅。

    唐朝著名诗人、画家、书法

■ 禅学文化

■ 唐朝诗人、画家
王维像

家王维，由于对禅法领悟至深，使其山水画意境幽远，禅味甚浓，后人对他的画赞誉备至，认为他是画界南宗祖师。

深谙禅理的王维，把自己对禅宗的修习和体验与诗画创作成功地结合了起来，使其画、诗充满了空寂静远而又富有灵韵的禅的风格。

王维的画风突破了过去细线勾描的画法，而改用泼墨山水的方法，别有一种清雅洒脱的自然情趣，使笔法更加丰富，意境更为深远。

王维所作的《辋川图》等，山谷郁郁，云水飞动，静寂而又空灵。他的许多画都有着很深的意境。

王维的有些画作，不问四时，以桃、杏、芙蓉、莲花同入一幅，包蕴着一种深刻的禅理。

宋朝时，受禅宗的影响，儒家出现了理学思想，代表人物是程颢、程颐、朱熹和陆象山。

宋代理学家主张要使学问与道体合一，提倡"主敬存诚"。理学较为注重师承，他们都以孔孟之学作为儒家"心学"而宣扬，这实际上是受我国禅宗重视师承、以心传心的思想影响。

禅宗的坐禅观心学说，也对理学产生了一定影响。元朝理学已成没落之势，迨至明朝，出现一位重振理学的大儒王阳明，初习佛法天台止观，参过禅。

理学 宋朝以后的新儒学，又称道学，产生于北宋，盛行于南宋与元、明时代，清中期以后逐渐衰落，但其影响一直延续到近代。广义的理学，泛指以讨论天道性命问题为中心的整个哲学思潮，包括各种不同学派；狭义的理学，专指程颢、朱熹为代表的以理为最高范畴的学说，即程朱理学。

理学的 "格物致知" 的思想，与禅法相近。因为禅学认为，心性是无是无非、无善无恶的，关键在于意识的善恶，既然能够知道区分善恶，那么就应该做好工夫，去恶扬善。这一理学思想，对于后世的儒学影响很大。

唐宋以来，道家文化与禅宗之间，一直是在相激相荡，互相渗透的格局中，道家文化由此更加博大精深。在禅宗与道家相互影响的过程中，吕洞宾可以算是将道家文化与禅学相互沟通的一位重要人物。

吕洞宾先前修身之法已炉火纯青，后经禅师指点心性，才彻底获得解脱。道家以金丹为方便，以登真而证仙位为极则。正统的丹道学术，皆指禅定过程中种种觉受境界。

吕洞宾悟道以后，强调了上品丹道应以心身为鼎，天地为炉的金丹大道修炼，进而与禅宗心法合参，最终以禅宗圆顿之旨为其皈依这一禅化的道家思想。所以，吕洞宾参禅而悟，对后世的道家思想产生了较为深远的影响。

后世张紫阳的《悟真篇》、白玉蟾的《指玄集》，皆以禅语传授丹道，直陈心法。

禅宗的丛林制度也对道家产生了一定的影响。宋元交替之时，道士丘处机师徒等，受禅宗的丛林制度影响，创立了全真教。

《白居易拱谒·鸟窠指说》图

禅宗对道家的影响,还在于对心性学的探究。前期道家强调登仙之术,对于心性学少有提及。禅宗兴起后,道家始知向上仍有"一著子",之后历代宗师皆游心于禅佛,对心性学则多有发明,从而构成了更为完善的道家文化。

中唐时期,禅宗美学的兴起,将审美与艺术中主体的内心体验、直觉感情等的作用,提到极高的地位,使之得以深化,并把禅宗思想融入中国园林的创作中,从而将园林空间的画境升华到意境。

从禅宗的观点看,世间万物都是佛法或本心的幻化。这就为园林这种形式上有限的自然山水艺术,提供了审美体验的无限可能性,即打破了小自然与大自然的根本界限。这在一定的思想深度上,构筑了文人园林中以小见大、咫尺山林的园林空间。

与皇家园林不同,充满禅趣的文人园林多显露出以小为尚的倾向。一方面表现在园林面积、规模的

■ 五禅寺的碑文

小型化上，如山向叠石、水向小池潭、花木向单株转化，静观因素不断增加，而自然景观的可游性则相对降低。

另一方面则表现在立意于小。小中见大的创作手法在我国源远流长的古代文化艺术中，应用十分广泛。园林之佳者，如诗之绝句，词之小令，皆以少胜多，以咫尺面积创无限空间，以小见大。

小是客观的，指园林的面积；大是主观的，指人的感受。大通过小而体现出来。在禅宗看来，规定性越小，想象的余地就越大，只有简到极点，才能余出最大的空间去供人们揣摩与思考。

除了以小见大的创作方法之外，园林中的"淡"也是源于禅宗思想。

园林的淡可以通过两方面来体现。一是景观本身具有平淡或枯淡的视觉效果，其中简、疏、古、拙等，都可构成达到这一效果的手段；二是通过平淡无奇的暗示，触发你的直觉感受，从而在思维的超越中达到某种审美体验。

禅学对我国传统音乐的影响也非常大，它不仅在艺术表现内容、方式等方面，给音乐艺术带来新鲜的经验，而且在创作思想、审美情趣等深层文化心理结构方面，深刻地影响了我国的艺术家。

禅宗与道家、儒家一起，塑造了我国传统音乐的美学特征。

我国传统音乐博大精深，又有众多形式、流派、风格。我国传统音乐美学，除与政治的紧密联系外，它的纯审美的要求，却是有着相当稳固的一贯性的。

赵州禅师舍利塔

明末清初徐青山的《溪山琴况》，虽然是琴学专著，但他总结的"二十四况"，却可以视为我国传统音乐的全部审美要求。这"二十四况"是：和、静、清、远、古、淡、恬、逸、雅、丽、亮、采、洁、润、圆、坚、宏、细、溜、健、轻、重、迟、速。除去几个古琴的技法而外，几乎适用于中国宫廷音乐、宗教音乐、文人音乐中的绝大部分，以及民间音乐中的一部分。

这种美学观的确立，是禅宗思想与儒家思想要求的结果。禅宗音乐美学，与儒家音乐美学有着许多相似的地方，都把中正、平和、淡雅、肃庄作为基本原则。儒家的"乐"要为"礼"服务，音乐要服从政治；而禅师也把音乐视为弘扬佛法的舟楫，宣传法理的利器。

我国的禅宗音乐家们，把大部分精力放在音乐所负载的内容上，多少忽略了音乐本身。因此，和、静、清、远这种我国传统音乐艺术的审美情趣的诞生，不仅仅是某一思想体系的产物，也是儒、释、道三家互相渗透、融合、妥协的共同产物。

此外，禅宗自性论，对我国传统音乐艺术主体精神也产生了较大影响。"自性论"强调个体的"心"对外物的决定作用，极大地激发了音乐家创作的能动性。禅宗与音乐创作之间存在着内在联系，从而形成对音乐的深刻影响，使之充满了宁静清远的意味。

阅读链接

宋代，一些儒学家相继用传统的伦理观点，对佛教进行批判。欧阳修的《本论》、李观的《潜论》、孙复的《儒辱》都是当时排佛的代表作品。

而佛教则主张儒、释、道三教一致。云门宗的契嵩禅师作《辅教篇》，以佛教的"五戒"、"十善"会通儒家的"五常"。禅宗的一些概念，如"理事"、"心性"等，有时也用儒家《中庸》来解释，加之禅宗的修持趋于简易，使一部分儒者在思想、修养上都较多地受到佛教，特别是禅宗的影响。

禅宗门派

六祖惠能为禅宗的发展奠定了理论基础，对于后来各派禅师建立门庭影响极大。他门下有众多弟子，在他们之下又形成不同的派别，被称为五家七宗。

佛教传入我国后，禅宗以达摩为祖，称"一花"；后佛教禅宗在惠能的努力下发展演变为五个流派，即湖南的沩仰宗、河北的临济宗、江西的曹洞宗、广东的云门宗、江苏的法眼宗，被称为"五叶"。宋代僧人释道原在其所著《景德传灯录》卷二十八中说："一花开五叶，结果自然成。"这一花五叶见证了我国禅法的繁荣发展。

怀让弟子创立沩山宗

　　南岳怀让一派在怀让禅师之后数传，形成沩仰、临济两宗，其中沩仰宗成立最早，创建人是怀让禅师的弟子灵祐禅师及其弟子慧寂。

　　灵祐禅师俗姓赵，福州长溪即今福建霞浦人。15岁时，依本州建善寺法常律师出家。3年后，便前往浙江杭州龙兴寺受具足戒，并且参究大小乘经律，尤其是着力精研大乘佛法。

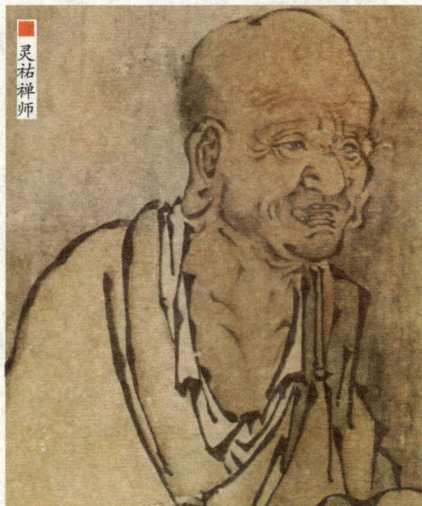

　　灵祐23岁左右时，逐渐认识到死钻文字堆是难以证悟道果的，于是便出外云游参访，先到天台山巡礼了天台宗创始人智者大师的遗迹。之后又来到江西泐潭寺，参礼马祖弟子怀海，专心修习南宗禅法，深得怀海的器重，其位列参学众人之首。

灵祐禅师

■ 灵祐参礼怀海禅师

有一天，灵祐在怀海身边侍立，怀海突然叫他拨一下火炉看炉中还有没有火？灵祐拨炉灰看了看，回说："无火。"怀海便亲自过来细拨，只见深处仍然有小火，便说："你说没有，这不是吗？"

灵祐内心一震，便向怀海礼谢并陈述自己的见解以求印证。怀海告诉他：

> 此乃暂时歧路耳。经云：欲见佛性，当观时节因缘。时节既至，如迷忽悟，如忘忽忆。方省已物，不从他得。故祖师云：悟了同未悟，无心亦无法。只是无虚妄，凡圣等心。本来心法，元自备足。汝今既尔，善自护持。

这段话的核心大意是：佛性自在你心，未见到

天台宗 我国佛教宗派之一，其创始人是陈隋之际的僧人智颉。因他常住在浙江天台山，故名。天台宗以《法华经》为主要教义根据，其教义主张一切事物都是法性真如的显现，以中、假、空三谛圆融的观点解释世界。智颉著的《法华玄义》《法华文句》，被奉为天台三大部。

■ 灵祐遵师命来潭
州大沩山开辟道场

唐宪宗（778
年～820年），名
叫李纯，唐朝第
十二位皇帝。即
位以后，励精图
治，重用贤良，
改革弊政，力图
中兴，从而取得
了元和削藩的巨
大成果，并重振
中央政府的威
望，史称"元和
中兴"。

时，是因缘尚未来到，因缘来到，自会领悟，不必求
助他人。你现在佛性已经具备，需要善加护持。灵祐
当下开悟。

唐宪宗元和年间，灵祐遵照师父怀海的指令来到
潭州大沩山开辟道场。此处山深林密，虎狼常出没，
荒无人烟。灵祐孤身只影，生活极为艰难，仅靠采集
野果野菜充饥度日。即便如此，他"非食时不出，凄
凄风雨，默坐而已，恬然昼夕"，山下的民众逐渐被
他所化，纷纷前来皈依并合力建造寺院。稍后，大安
上座等僧人也陆续前来亲近，常住人员越来越多。

沩山僧众越来越多，在此过程中，也得到了时任
潭州刺史、湖南观察使的裴休的敬信与支持。由此，
沩山弘法声誉大扬，学侣云集。灵祐禅师在这里弘扬
宗风达40年之久，世称沩山灵祐。

灵祐禅师的禅法非常精要，对修行人具有纲领式
的指导意义。他主张直心、"情不附物"，以达到

"无为"、"无事"的解脱自在。

《维摩诘经》、《楞严经》等大乘经论中对"直心"都有明确的教导。按照佛法看来，正道与直心相应，不与谄曲、虚伪之心相合。灵祐禅师明确提倡"理事不二"的理念，对这个理念，他没有作出特别精细严密的论证与阐述，而是直截了当地指点门人来把握理事圆融的关系，从而教人不要逃避现实生活中的人事，不要将出世间与世间打成两截。

灵祐禅师告诉人们：无论面对的是怎样的花花世界，身处其中的你都无须闭目塞听，只要你具有一颗与中道相应的无着之心，那么你就是"真如如佛"，行住坐卧尽是道，尽是般若风光。

灵祐禅师持行的是顿渐圆融的修行观，《景德传灯录》记载，有僧问："顿悟之人更有修否？"灵祐说：若真悟得本，他自知时，修与不修，是两头语。

观察使 唐代后期出现的地方军政长官，全称为观察处置使，兼领都防御使与都团练使。宋于诸州置观察使，无职掌，亦不驻本州，仅为武臣准备升迁之寄禄官，实系虚衔。辽在不置节度使的州设观察使司，以观察使领本州政务。金代以镇节度使兼管本管内观察使事，主管本州民政。元代废除。清代以分巡、分守道为观察使，后改称道尹。

117

一花五叶 禅宗门派

■ 灵祐禅师在沩山的道场

从中可以看出，灵祐禅师提倡顿悟渐修不相偏废。

灵祐禅师收有众多门人，人数最多时达到1500人以上。沩山道场农禅并重，自给自足，法音远播，在安顿流民，减轻国家负担，稳定社会人心以及培养佛教僧才各方面都做出了不小的贡献。

灵祐禅师在创立沩仰宗时，他不仅师承百丈怀海禅师，而且有自己的突出贡献，因此"言佛者天下以为称首"。

灵祐禅师著有《潭州沩山灵祐禅师语录》1卷、《沩山警策》1卷等。法嗣有仰山慧寂、径山洪諲、香严智闲等，其中，慧寂于仰山继续大力宣扬师风。

慧寂俗姓叶，韶州怀化人。9岁时，他背着父母投广州和安寺，从不语通禅师出家。14岁的时候，父母派人把他找回家，强迫给他娶亲，他坚决不从，并砍断自己的两个手指头，跪在父母面前，发誓欲求正

■ 文殊菩萨贡像

法，以报答父母养育之恩。

父母见他意志如此坚定，只好同意。于是，他又重新回到不语通禅师座下，并得以正式落发。

慧寂在还没有受具足戒的时候，即以沙弥的身份，开始游方参学。先礼拜吉州耽源山应真禅师学法，不久，又参礼沩山灵祐禅师。

据说，慧寂在初见到灵祐禅师时，灵祐禅师问："汝是有主沙弥，无主沙弥？"

慧寂禅师道："有主。"

灵祐禅师又问："主在什么地方？"

慧寂禅师从西边过到东边站立。灵祐禅师一见，便知不同凡响。

慧寂禅师问："如何是真佛住处？"

灵祐禅师回答道："以思无思之妙，返思灵焰之无穷，思尽还源，性相常住，事理不二，真如如佛。"

慧寂一听，内心彻悟，从此以后，他便留在灵祐禅师座下，执侍前后，盘桓长达15年之久。最终学得灵祐禅师的禅法真谛。

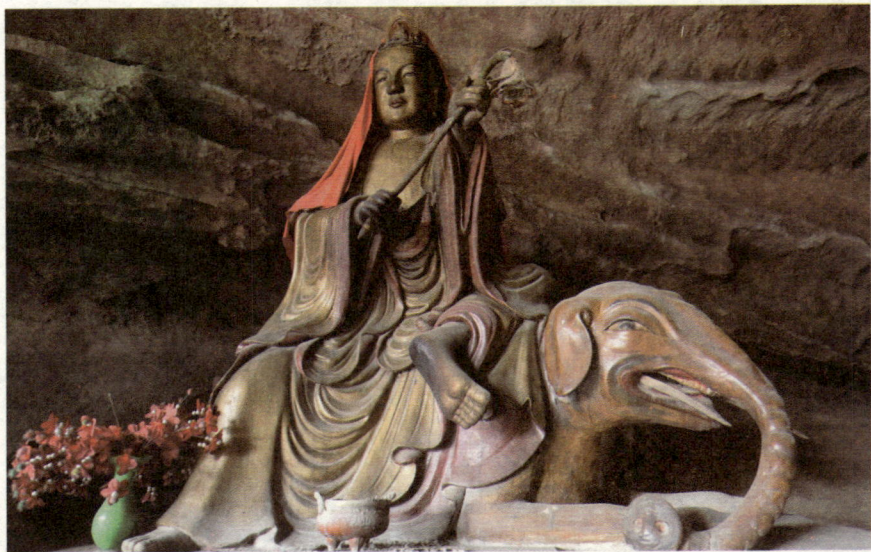

■ 普贤菩萨坐像

谥号 古代君主、
诸侯、大臣、
后妃等具有一定
地位的人死去之
后，根据他们
的生平事迹与品
德修养，评定褒
贬，而给予一个
寓含善意评价、
带有评判性质的
称号。帝王谥号
一般是由礼官议
定经继位的帝王
认可后予以宣
布，臣下的谥号
则由朝廷赐予。

后来，慧寂前往江西仰山承继师尊灵祐禅师法脉，开法化众，道誉天下。由于慧寂所传禅法源出其师灵祐禅师，因此后人将灵祐禅师和慧寂开创的门派，称之为沩山宗。

慧寂平时常以手势启悟学人，这种做法被称为仰山门风。后来慧寂率领门人由仰山迁往江西观音院，后梁贞明年间复迁韶州东平山，随后圆寂，谥号"智通禅师"。

沩仰宗的传承，据《传法正宗记》等资料记载，有传记、语录、事迹可考者约99人，其中沩山灵祐的得法弟子44人，仰山慧寂传10人。主要传承者有：香严智闲、南塔光涌、霍山景通、无著文喜、芭蕉慧清、黄连义初、芭蕉继彻、潭州鹿苑等。

邓州香严智闲禅师是灵祐禅师的法嗣。智闲禅师生得身材高大，博闻强记，又有谋略，但对世间功名毫无兴趣。成年后，他即辞亲出家，观方慕道。

当时，怀海禅师尚在传法，智闲禅师遂亲往参学。智闲禅师性识聪敏，教理懂得很多。每逢酬问，他都能侃侃而谈，但是，对于自己的本分事却未曾明白。后来，百丈禅师圆寂了，他便改拜灵祐禅师。

沩山禅师问道："我听说在百丈先师处，问一答十，问十答百。此是汝聪明伶俐，意解识想，生死根本。父母未生时，试道一句看。"

智闲禅师被灵祐禅师这一问，一时间茫然无对。

回到寮房后，他把自己平日所看过的经书都搬出来，可是翻阅了几天，结果却一无所获。

绝望之余，智闲禅师便将自己平昔所看的文字付之一炬，说道："此生不学佛法，且做个长行粥饭僧，免役心神。"

智闲禅师辞别沩山，四处行脚，他来到南阳慧忠

南阳慧忠（675年~775年），俗家名冉虎茵，法名释慧忠，世称南阳慧忠国师，唐代高僧，谥号大证禅师。博通经律，是禅宗六祖惠能门下的五大宗匠之一，与菏泽神会共同在北方弘扬六祖禅风。他备受唐玄宗、唐肃宗和唐代宗三朝皇帝的礼遇，并且还获受封国师。

121

一花五叶
禅宗门派

■ 观音艺术塑像

禅师的旧址，并在这里住下来，加以整饬。

一日，智闲禅师正在芟除草木，不经意抛起一块瓦砾，恰好打在竹子上，发出一声清脆的响声，他忽然大悟。于是便急忙回到室内，沐浴焚香，遥礼沩山，赞叹道："和尚大慈，恩逾父母。当时若为我说破，何有今日之事？"

他把自己的证悟写一偈寄给沩山灵祐禅师。灵祐禅师看过后说："此子彻也！"称赞他开悟了。

南塔光涌禅师是慧寂禅师的法嗣，他依慧寂剃度出家。后北游参学，曾礼谒过临济义玄禅师，不久又回到慧寂座下执侍。

南塔光涌禅师参沩仰山慧寂禅师时，慧寂问他："你来做什么？"

光涌答："来拜见禅师。"

慧寂又问："见到禅师了吗？"

光涌答："见到了！"

慧寂再问："禅师的样子像不像驴马？"

光涌说："我看禅师也不像佛！"

寺院观音神像

慧寂继续追问："既不像佛，那么像什么？"

光涌从容回答："若有所像，与驴马有何分别？"

慧寂一听，大为惊叹，说道："凡圣两忘，情尽体露。吾以此验人，二十年无决了者。子保任之。"

慧寂禅师常常指着光涌禅师，对其他人说："此子肉身佛也。"光涌禅师后住仰山南塔，承袭法脉，普施法化。

文喜禅师俗姓朱，嘉禾语溪人，是慧寂禅师的法嗣。7岁时，他依本地常乐寺国清禅师落发出家，学习戒律和经教。后拜慧寂禅师为师学习禅法。

沩仰宗兴起于唐末，繁盛于五代，慧寂以下四世，由于各种原因，特别是缺乏优秀人才，沩仰一宗后继无力，逐渐衰微了。

观音艺术塑像

阅读链接

灵祐禅师在师父怀海禅师发明心地之后，前往湖南沩山开辟道场，其中因缘却颇为奇特。

据说，当时有一位司马头陀来到宝峰山渤潭寺怀海处，提起沩山风景的殊胜，认为那是一块很适宜启建大道场聚众修持的宝地。司马头陀为众人看相，认为包括怀海在内的常住僧众中，唯有当典座，即负责厨房工作的灵祐才是沩山正主。为了让大众心服，怀海进行了一次考试，让大家表达各人的佛法见地，以便择优派遣。他手指净瓶问："不得唤作净瓶，汝等唤作什么？"当时，灵祐是以一脚踏倒净瓶并径直走出门去的出格做法，赢得了怀海的称赞，当选为首座和尚。

义玄开启临济宗弘法

怀海禅师门下有个叫希运的弟子，很是独特，也很得怀海禅师的赏识。希运是福州人，自幼于江西高安的黄檗山出家。他本是慕马祖道一之名前来礼拜，但是等他来到江西准备见马祖道一禅师时，马祖道一禅师已经离世了，于是他就拜在百丈怀海的门下。

临济义玄禅师

怀海起初对希运不甚了解，持保留态度，后见希运见解超群，便寄予厚望。

希运跟随怀海学法，最终悟得了马祖道一禅师的禅法真谛，并得到怀海的印可。后来希运回到黄檗山，"四方学徒，望山而趣，睹相而悟，往来海众常千余人。"

希运禅师的禅学思想主要继

承了马祖道一"即心即佛"的思想，而力倡"心即是佛"。在希运看来，悟道不需要通过外在的修习工夫，而只是人与道之间的"默契"。他说："学道人直下无心，默契而已。"这便是无为法门，能悟得此法门者，被称为"无心道人"、"无为道人"。

■ 寺院佛祖贡像

希运特别强调在实际生活中"无心"的运用，认为只要在行住坐卧中，但学无心，不起分别，不著一相一物，亦无依倚，即可解脱。他说："学道人，若欲得成佛，一切佛法总不用学。惟学无求无著，无求即心不生，无著即心不灭，不生不灭即是佛。"

希运禅师特别强调上乘根基的顿悟，他的禅门并不向中下根基者开启。他常对门下说："若会即便会，若不会即散去。"

希运的这些禅法理念被他的一个叫义玄的弟子所发扬光大。义玄俗姓邢，曹州人。义玄年幼时就聪颖

黄檗山 原名鹫峰，坐落在宜丰县西北部的黄岗乡黄檗村境内，是我国佛教禅宗五家之一的临济宗的祖庭。黄檗山山高林密，层峦叠嶂，飞瀑鸣泉，极为幽静。山中古迹主要有古寺、塔林、虎跑泉、龟石、飞瀑等。

灵异，稍大些就以孝行名闻乡里。

义玄落发出家以后，对大小乘教法，他均下过一番工夫。后来觉得它们虽都是济世良方，却未达禅的教外别传之旨，因而他"更衣游方"，即换成俗服出游参学。

义玄听说了希运的大名后，遂直奔江西宜丰黄檗山，参拜希运禅师。义玄在黄檗山处3年，随众修习，行业统一，深得首座师的赞赏。

一次首座问他："曾参问也无？"意思是你曾请教过师尊吗？

义玄回答："不曾参问，不知问个什么。"

首座说道："汝何不去问堂头和尚，如何是佛法大意？"

义玄便去问，没想到，问话还没结束，希运禅师

淡定人生

禅宗历史与禅学文化

■ 观音救世艺术画像

■ 菩萨罗汉像

便打。义玄不明其意，回告首座，首座又说："再去问！"于是义玄又去问，这次问话也没有问完，希运禅师又打了过来。如此三度发问，三度被打。

希运禅师的棒打可称棒喝，即通过这种看似没来由的棒击，截断义玄对"佛法大意"的思虑和追究，把他从向外求佛的歧路上拉回。

可惜的是，当时的义玄根基未熟，未能当下醒悟，反自恨这没来由的棒打，决定辞别希运禅师。辞别时，希运禅师没有挽留他，但是嘱咐他到大愚禅师处参学。

义玄见到大愚禅师后，大愚禅师问他从什么地方来的，义玄说从希运禅师处来。又问希运有什么指教没有，义玄就说了三问三度被打的事，并说不知自己错在了什么地方。

大愚禅师已经知道了希运禅师的深意，他告诉义

棒喝 喻指促人醒悟的警告。棒喝是禅宗师家接待初学者的手段之一。对于其所问的问题，师家往往不用语言来答复，或者使用棒锋击打被问者的头部，或者冲被问者大喝，看他们的反应能力，断定悟解能力。

义玄禅师修行弘法道场临济寺

玄：希运禅师的棒打，并不是说他问的问题本身有错，而是他问询本身就错了。因为"佛法大意"是问不出，也答不出的。

讲完这些后，大愚禅师为进一步勘验义玄，就问他讲出所悟的道理。大悟的义玄突然向大愚禅师胁下击打三拳，示意大愚，无道可思，无理可道。

这一次，大愚禅师明白了义玄已经开悟了。随后，义玄又回到了希运禅师处，继续修行。后受到希运禅师的印可。

受到印可后，义玄决意北上弘法。唐宣宗大中年间的854年，义玄来到河北镇州，即今河北正定，在城东南滹沱河畔建立临济院。

在临济院，义玄广为弘扬希运禅师所倡导的"般若为本，以空摄有，空有相融"的禅宗新法。

义玄提出"三玄"，即三种原则；"三要"，即三种要点；"四料简"，即四种简别；"四照用"，即四种方法等接引学人。

这种禅宗新法机锋峭峻，自成一家。义玄将这种禅宗新法弘扬开来，受教人数众多，后世遂称之为"临济宗"。

义玄继承了希运禅师之说，标出"无心"二字，这意味着破除一切执着，随缘任运，不受任何外境的束缚与阻碍。

一次，义玄来到河南达摩祖师塔前。管理塔的僧人问义玄："和尚先拜佛还是先礼祖？"

义玄说："既不拜佛也不礼祖。"

管理佛塔的僧人很疑惑，说："难道佛祖与你有什么冤仇？"义玄听后拂袖而去。

禅宗的思想最重要的一点就是破"执"，一般学佛的人，要堪破世间，打破小我，并非难事，而对佛对祖，却非常敬畏。

那个管理佛塔之人，以差别之心看佛看祖，不打破佛祖关，就不能成正果。

义玄的禅法，突出了人的主体性精神，强调自信，强烈反对崇拜偶像。他呵佛骂祖，机锋峻烈，如电闪雷鸣，给人以强烈的心灵震撼。

义玄一向认为禅人的开悟，非由师悟，而是自性自度，自悟本心，所以当有人问师承哪一家时，义玄只答："我在黄檗处，三度发问，三度被打。"

在义玄看来，人人本心具足一切智慧功德，只为妄念遮

镇州 唐元和十五年，即公元820年，改恒州置。治所在真定。辖境相当今河北石家庄市及井陉、行唐、正定、阜平、栾城、平山、藁城等地。五代唐升为真定府，晋改恒州，五代唐曾建为北都。汉复改镇州，又升真定府，周又改镇州。宋辖境略有变动，1048年又升为真定府。

■ 临济寺澄灵塔

功德 原为儒
家用语，指功
业与德行，出
自《礼记·王
制》："有功德
于民者，加地进
律。"在佛教
中，能破生死，
能得涅槃，能度
众生，名之为
功。此功是其善
行家德，故称为
功德。

蔽而沉沦无明。因此禅师的作用，只在为众人扫除一
切精神的依傍和影响。

义玄开示学人说："一念之心上清净光即法身
佛，一念心上无分别光即是报身佛，一念心上无差别
光即是化身佛。"

义玄还继承马祖道一的教育方式，其行动讲究
"唱"，以棒喝为最，以喝用得最普遍。喝有多种用
法，有时一喝如金刚王的宝剑，一刀斩断学人烦恼困
惑；有时一喝如金狮子，能以智慧使人猛醒。对迷执
过重者，施喝已无用的情况下，则施棒，当头一棒。
这棒喝表现了义玄的峻烈机锋。

这种独特的禅法思想后人辑其语要编著成《镇州
临济慧照禅师语录》传世，世人简称《临济录》，是
临济一宗的立派教义典籍。

■ 文殊普萨坐像

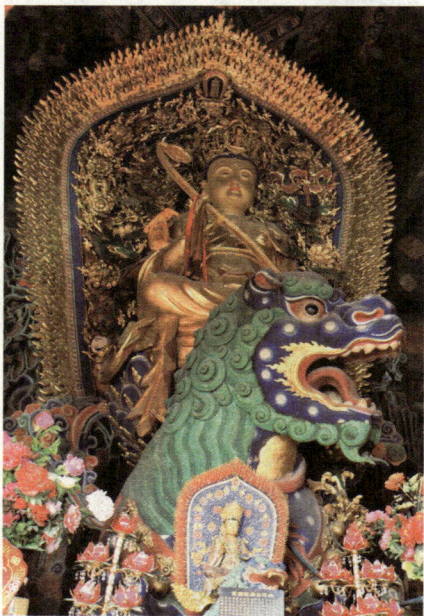

临济宗传到宋代时，又形成杨
岐、黄龙两派。黄龙派的开宗者为
慧南，因其住南昌黄龙山而得名。
慧南初学云门宗，后皈依了临济
宗。黄龙派法门为"道不假修，但
莫污染；禅不假学，贵在息心"。

慧南在黄龙山，设三转语接引
学人，法席之盛，与道一、怀海禅
师不相上下。嗣法的弟子有晦堂祖
心、宝峰克文、东林常总等83人。

惠南门庭严峻，人们把他比喻
成猛虎。他常问参学的僧人："人

人都有生缘，你的生缘在哪里？"

正当和学人问答交锋时，他伸出手问："我的手哪些地方像佛手？"接着把脚垂下说："我的脚哪些地方像驴脚？"几十年来，惠南常用这3句启发学人触机而悟，这就是"黄龙三关"。

这第一句的意思是人人都有因缘谁也摆脱不了。第二句讲，人的本性和佛是相同的，意喻人人都有佛性，人人都能成佛。第三句是说，人与其他众生并无本质区别，人能否觉悟成佛，关键在于自己。

镀铜菩萨文物

黄龙派流传最广的有祖心、克文、常总三系。祖心门下灵源惟清六传到明庵荣西。明庵荣西是日本人，回国后传临济禅法。

杨岐派的开宗者为方会禅师，开创的宗派因方会禅师常住杨岐山而得名。方会的禅学思想是对临济思想的改造变通，既不失为临济正宗，又别有新意。

方会坚持惠能禅法"直指人心，见性成佛"的宗旨，以此作为指示禅者的依据。方会的禅学风格属于临济体系，但在具体运用过程中，又吸收了云门等派的特点。

方会嗣法的弟子有白云守端、保宁仁勇等12人。起初黄龙、杨岐二派并盛，然而黄龙一派，不数传而法统断绝，杨岐恢复临济旧称。

禅宗后期的历史，几乎成了临济宗的历史，而临济宗后期的历史，也就成了杨岐派的历史。

1199年，杨岐宗传入日本，成为日本佛教大宗之一，信徒过百万以上。东亚、东南亚等许多国家和台湾地区也广有信徒。

到明代，临济宗依然很盛，如《五灯会元续略·几例》述临济宗在明代的盛况说："临济宗自宋季稍盛于江南，阅元而明，人宗大匠，所在都有。"但是临济宗"韬光敛瑞，民莫得传"，所以有明一代，临济宗的宗匠见于史传的不多。

到明末清初，临济宗已不及往昔的隆盛，惟有圆悟、圆修、性冲三派鼎峙而已。

圆悟法席很盛。圆修与圆悟同门，于明万历年间的1608年在磐山结茅，逐渐成为大刹，门下人才之众和圆悟相等。性冲，嘉兴秀水人，起初在径山结庵，后来住在苏州本溪弘法，法嗣有兴善慧广。

临济宗在清初大都系出圆悟、圆修二派，而圆悟一派尤其隆盛。清顺治帝于1657年到京师的海会寺，延见圆悟的三传弟子憨璞性聪，之后又先后召玄水杲、玉林琇、天童道忞入京从容咨访。

在清顺治、康熙年间，法藏的门叶极其繁荣，当时成为三峰一派，海内称法藏和他的弟子灵隐弘礼、灵岩弘储为佛、法、僧三宝。弘储下有楚奕豫，赋住南岳福岩，豫住潭州云盖，大阐宗风。

阅读链接

依义玄的资禀根机，如果他一直追随黄檗，亦可为一方化主，日后成为江南禅林领袖亦未可知。但义玄没有留在南方，而是决意北上，在南禅传统薄弱之地弘化。临行，黄檗问："什么处去？"义玄答云："不是河南，便是河北。"黄檗唤侍者："将百丈先师禅板、几案来！"义玄则云："侍者将火来！"

其实，以衣钵相传承的传法旧习到惠能已告中止，惠能南禅讲求以心传心，以心印心，既是以心印心，衣钵何用？衣钵既废，禅板、几案何用？何如付之一炬来得干净痛快。

弘盛不绝的曹洞宗风

　　除了南岳怀让，惠能大师门下还有一弟子叫行思，在惠能大师之后，将禅宗一脉发扬弘大。

　　行思俗姓刘，江西吉安人士，自幼出家，20多岁时跟从惠能参悟禅法。713年，六祖惠能预感人寿将终，将行思召到面前，对行思说：

德化窑白釉观音坐像

　　　从上衣法双行，师资递授。以衣表信，法乃印心。吾今得人，何患不信？吾受衣以来，遭此多难，况乎后代，争竞必多。衣即留镇山门。汝当分化一方，无令断绝。

■ 净居寺天台国清寺

淡定人生

禅宗历史与禅学文化

印信 古代印信有三种含义，一是师资和融之称。印即师所授之印明，信即受者信心。二是指信凭符契，以验真伪、别正邪之用，如显教受戒后发给受戒之人戒牒。三是对政府机关的各种印章、公私印章的总称。

"无令断绝"是自禅宗始祖达摩祖师传法二祖慧可禅师以后诸祖师往下传承的"禅语"，也是禅宗诸祖传法的印信。惠能祖师告诉行思禅法在法在心而不在衣。传衣必然会引起门下纷争，因此，衣留着不传，并且应当另辟一处弘法。

行思禅师领悟了师父的深意。惠能大师圆寂后，他即回到吉安青原山净居寺，恪守不立文字的祖训，弘扬顿悟学派，很快前来受教的人云集于此，后人称行思禅师为青原行思。

青原行思禅师在青原山净居寺弘法数十载，为弘传禅宗顿悟学派献出了毕生精力。唐玄宗开元二十八年阴历十二月十三日，也就是741年1月跏趺而逝，唐僖宗追谥行思为"弘济禅师"。

青原一派自行思后数传，分为曹洞、云门、法眼三宗，曹洞宗是江西洞山良价禅师及其弟子江西曹山本寂创立。曹洞宗期间经过了青原行思、石头希迁、药山惟严、云岩昙晟，到了洞山良价和弟子曹山本寂时始成。

良价禅师觉得惠能所提倡的顿悟法门，不是一般的人所能做到的，于是他就提出五位的方便法门，因势利导，广接上、中、下各种不同根器的学人，后来弟子本寂又加以发展，遂成独具特色的，绵密完整的曹洞"五位说"。

五位说中有正偏五位、功勋五位、君臣五位、王子五位四种，其中正偏五位、功勋五位是良价的创说，而君臣五位、王子五位，则是弟子本寂所立。

五位说的根本思想宗旨，是曹洞宗用以阐释真如与现象世界的关系问题的方便说教。在良价及其弟子本寂看来，万事万物之间存在着一种"回互"与"不回互"的关系。

跏趺 "结跏趺坐"的略称，指佛教中修禅者的坐法。两足交叉置于左右股上，称"全跏坐"，又称"吉祥坐"。或单以左足押在右股上，或单以右足押在左股上，叫"半跏坐"。功能不同，名称有异。

■ 净居寺大雄宝殿

回互，就是指万事万物是互相融会、贯通的，虽然万物的界限脉络分明，但在此中有彼，彼中有此，互相涉入，不再区别彼此；不回互，就是说万物各有自己的位次，各住本位而不杂乱。因此，所谓"回互""不回互"即是要从事物普遍联系、发展和变化的观点看问题。

五位说以"回互"著称，施教方式是"行解相应"，精耕细作，态度较为稳健，不仅具有哲学的辩证精神，且体现出禅宗对儒道两家思想的融摄。

曹洞宗在坚持禅宗的"见性成佛"基础上，坚持实修的默照禅，这在我国佛学史独树一帜，对于促进我国禅学的发展起到了相当重要的作用，后代禅宗的发展模式在许多方面与曹洞宗是分不开的。

良价禅师著作颇多，有《玄中铭》、《五位君臣颂》、《五位显诀》、《宝镜三昧》、《纲要偈》、《新丰吟》，此外还编纂过《大乘经要》1卷。他的言语经其弟子整理成《曹州洞山良价禅师语录》、《筠州洞山悟本禅师语录》各1卷，被曹洞宗信徒视为经典。

本寂在江西吉水曹山长达30余年，他弘扬禅法远承本门远祖希迁的"即是而真"，近光大师父良价所提倡的"五位君臣"法门，四方来此参学人很多很多。

默照禅 守默与般若观照相结合的禅法，是基本上以打坐为主的修习方式。"默"指沉默专心坐禅；"照"是以智慧观照原本清净的灵知心性。默照禅的提倡者是曹洞宗人宏智正觉，他强调默与照是禅修不可缺少的两个方面，两者应当结合统一起来。

淡定人生 禅宗历史与禅学文化

■ 精心保护的佛教神像文物

■ 修禅定的和尚

在此情形下，"家风细密，言行相应，随机利物，就语接众"的曹洞宗风逐渐形成与完善。本寂撰拟的"解释洞山五位显诀"，成为曹洞丛林的标准，最终形成了曹洞宗。

世人曾这样评说："洞山确立一宗的规模，至曹山而大成，才是完整意义上的曹洞宗正式形成。"从中可以看出，曹洞宗是本寂在继承师父良价思想的基础上，加以发扬光大而创立的。

本寂门下法嗣弟子有洞山道延、金峰从志、曹山慧霞、韶州华严等。另外，本寂同门师弟匡仁在洞山跟随良价学法后，来到金溪县疏山肇建白云禅院，也力弘曹洞宗风，著有《四大筹颂略》、《华严长者论》等传世。

匡仁座下徒嗣很多，有名的有护国守澄、疏山证、黄檗慧等。新罗即后来的韩国僧明照安、百丈

> **法嗣** 有两种含义，一是佛教禅宗的用语，禅宗指继承祖师衣钵而主持一方丛林的僧人，就是接受传承佛法的一个重要过程；二是在此基础上延伸，泛指学艺等方面的继承人。

一花五叶 禅宗门派

超、洞真大师庆甫等都来其门下参学，使曹洞一脉传到了朝鲜半岛。

与本寂、匡仁为同门师兄弟的道膺在得良价禅师印可后，力弘曹洞宗风，他先是在宜丰县三峰结庵，不久迁至吉安庐陵，后应南平王钟传之请，主法永修县云居山真如禅寺。

道膺在此讲经说法30余年，座下徒嗣多达1500余人，著名法嗣有云居道简、同安道丕、归宗怀恽等。其中有慕名专程而来的新罗僧人利严、高丽僧庆甫等。

利严在道膺处得法回国后，创须弥山派，开海东禅门九山之始。后又再传日本僧永平道元，道元又将曹洞宗传入日本。

曹洞宗到元末明初时一度衰落，曹洞法脉传承几近中断。令人高兴的是，在明嘉靖年间，曹洞宗又得以中兴。在当时，常忠和常润师兄弟两人于嵩山少林寺曹洞宗二十九世宗书小山座下承嗣曹洞法脉后，常忠返回江西弘法，常润则继主少林寺法席，遣其不少法嗣赴江西弘法，遂使曹洞宗得以复兴起来。

进入清代，曹洞宗的发展旺盛，可谓名僧辈出。作为曹洞宗中兴祖庭的新城寿昌寺，清顺治年间的1653年，寿昌寺遭火灾烧毁，在金陵栖霞寺弘法的曹洞宗三十三世法嗣竺庵大成，闻讯后毅然回江西，主持修复寿昌寺。

曹洞宗中兴的另一重要道场博山能仁禅寺，自清以后，则多有高僧大德在此主持法席，先后由释道奉、释觉浪道盛、释道霈、释宏瀚、释一澄、释剖云、释一导等代相传承，达百余年之久。

佛祖舍利石塔

江西崇仁县明敏承曹洞法脉后，先住持曹山寺5年，后来抚州多福寺主法。僧人释未也于康熙年间主法宜黄桃华山寺，力弘曹洞宗风。稍后，曹洞宗寿昌法系第七世法嗣，在宜黄石门寺大弘曹洞宗风。

之后，明海法承曹洞一脉，其后，释竹慧在宜黄县明海座下得曹洞法脉之传后，于1925年主持振兴了宜黄石门寺。期间寺庙规模达到数十亩，住僧20余人，成为当时弘扬曹洞法旨一大丛林。曹洞一脉是禅宗延续最久、影响最大一个支派，可称得上延续持久，影响深远，其门人也多有建树，其禅法教义甚至流传到国外。

阅读链接

曹洞宗以洞山良价为宗祖，宗名之由来有两个说法：一说洞指洞山，曹指曹山，乃良价禅师所住之江西宜丰县之洞山与弟子本寂所住之吉水县之曹山之名，本应称洞曹宗，习惯于称曹洞宗。另一说取曹溪惠能之曹与其法孙洞山良价之洞，合称为曹洞宗，系以此表明本宗乃六祖正风之嫡传。

后人多认同第一种说法。南宋智昭《人天眼目》卷三中说："良价晚年得弟子曹山耽章，禅师，深明的旨，妙唱嘉猷，道合君臣，偏正回互，由是洞上玄风播于天下，故诸方宗匠咸共推之曰曹洞宗。"引文中的"耽章"即本寂之别名。

文偃禅师创立云门宗

　　青原行思下数传,有曹洞、云门、法眼三宗,云门宗是其中之一。云门宗的开创人叫文偃禅师。文偃禅师俗姓张,姑苏嘉兴人,即现在的浙江嘉兴,唐懿宗咸通年间的864年出生。据说文偃幼年"敏智生知,慧辩天纵",表现出了不同凡俗之处。

■ 文偃禅师所建云门寺

■ 云门寺照壁

文偃成年后在毗陵即今江苏常州戒坛出家，出家后一心钻研律藏。几年后，便"博通大小乘"，但仍然觉得有些"已事未明"，乃发心参学。他首先参访的是浙江睦州和尚。

睦州是南岳系黄檗希运的门人，对禅学研究颇深。禅宗史书《五灯会元》卷十五记载了文偃见睦州的经过。

睦州一见文偃来，马上关门。文偃上前叩门，睦州问道："谁？"

文偃答道："是我文偃。"

睦州又问："做什么？"

文偃答道："未明白自性，前来求师指示。"

睦州打开门看了一眼，便又即刻将门闭上。如此这般一连三天，文偃也连续三天前来叩门。

至第三天，当睦州一开门，文偃便闪身进入门

《五灯会元》我国佛教禅宗史书，共20卷。有宋宝祐元年即1253年和元至正二十四年即1364年两个刻本。宝祐本于清光绪初年始由海外传归，卷首有普济题词，王庸序，卷末有宝祐元年武康沈净明跋。至正本比较流行，为明嘉兴续藏和清《龙藏》所本。

一花五叶 禅宗传派

内。睦州一把抓住他，说："道！道！"

文偃正要开口，睦州便将他推出，很快掩上门，将文偃的一个脚也压伤了。

就在这一瞬间，文偃大悟，明白了一切只有靠自己，别人绝不可能代替。不久，睦州指点文偃去拜见雪峰义存。

义存是德山宣鉴的弟子，他继承了青原行思、石头希迁一系禅学思想，曾住雪峰山广福院广集学人，四方僧众云集法席，当时有很高的声誉。

文偃到了雪峰庄上，碰见一位上山的僧人，文偃上前说："请你为我传一句话，问一下方丈，只是不能说是别人让你问的。"

那个僧人欣然同意了。于是文偃对他说："上座到山中见到方丈上堂说法时，等众人都来时，便出来，握拳立地说：'你这老汉，为何不脱掉自己项上

■ 五百罗汉浮雕

■ 云门寺天王殿

的铁枷？'"

那个僧人上山后，等雪峰刚上堂，众人也刚到，就把文偃教他的话说了。雪峰见此僧人这么说，便下座，抓住他说："快讲！快讲！"

那个僧人不知所措，默然无对，雪峰便放开说："你刚才所说，不是你自己的话？"

那个僧人说："是我自己的话。"

雪峰便大声说："侍者，将绳子和棍棒拿来！"

那个僧人一听此话，连忙说："刚才的话，不是我自己的，是庄上一位和尚教我这么说的。"

听了此话，雪峰便叫众人去迎接文偃上山。

就这样，文偃上山礼拜义存禅师后，跟从义存禅师学禅法，几年后深得义存禅师的禅法精要，义存禅师将本门的宗印密授给文偃。

为了加深学习，文偃离开雪峰，到各处参学，历

方丈 为我国道教固有的称谓，佛教传入我国以后才借用这一俗称。佛寺住持的居处称为方丈，亦曰堂头、正堂。佛教中一般用方丈代表方丈和尚，他们是寺院中最高领导者，同时也具有老师的职责。

云门寺小西天

南汉 五代十国时期的地方政权之一，位于现广东、广西两省及越南北部。唐朝末年，刘䶮凭借父亲和哥哥的权势于917年在广州称帝，称兴王府，国号"大越"。次年，刘䶮以汉朝刘氏后裔的身份改国号为"大汉"，史称南汉。971年为北宋所灭，历四主，共54年。

访洞岩、曹山、天童、归宗等处，又往曹溪礼拜六祖塔，学习各地丛林的知识。不久又来到福州去参学灵树如敏禅师。

如敏是百丈怀海门下长庆大安的弟子，曾在岭南行化40余年，以"道行孤峻"著称，得到了当地儒士的敬重，南汉小王朝为他赐号"知圣"。

文偃又跟从如敏禅师参学了8年。918年，如敏禅师圆寂，南汉帝刘䶮请文偃说法，文偃此后在韶阳大弘法教。

923年，文偃率领徒众开发云门山，在乳源县云门山创建云门寺。历时5年，寺院建成，高祖赐额"光泰禅院"。寺院建好后，文偃禅师及其门徒就迁往这里，开堂弘法，一时间，"天下学侣望风而至"，独创一家门风，称为云门宗。

云门寺整座建筑物庄严雅静，风格独特，主要建筑有山门、天王殿、大雄宝殿、法堂、钟楼、禅堂、斋堂、教学楼、功德堂、延寿堂等。自创建以后，历宋、元、明、清，各朝均有修葺。

文偃十分推崇青原禅教创始人石头希迁，他继承了石头希迁"即时而真"的思想，注重一切现成。他上堂开示大众说：

涵盖乾坤，目机铢两，不涉万缘，作么生承当？

众僧无言以对，文偃禅师代大家说道："一镞破三关。"

对文偃禅师的这一根本说法，他的学生德山圆明密禅师已有所悟，并把他解释为三句："涵盖乾坤、截断众流、随波逐浪。"

145

一花五叶

禅宗门派

■ 谈经佛像

乾坤 八卦中的两卦，乾为天，坤为地，乾坤代表天地，衍生为阴阳、男女、国家等人生世界观。《周易·系辞上》认为乾卦通过变化来显示智慧，坤卦通过简单来显示能力。把握变化和简单，就把握了天地万物之道。所以"乾以易知，坤以简能"。古人以此来研究天地、万物、社会、生命和健康。

"涵盖乾坤"的意思是绝对的真理充满天地之间，涵盖整个宇宙，且每一物都独立存在，又与这个宇宙丝丝相连。

后两句是云门宗接引学人的教学方法。"截断众流"就是斩断问者的转机，叫你无路可通，无处用心，从而悟出佛学真谛。"随波逐浪"是指要顺适万物，自由自在地与世俗相处。这三句被称为"云门三句"，也称为德山三句，广为云门宗所用。

云门宗还有"顾、鉴、咦"三字旨，文偃禅师上堂说法时，顾视众僧，即说："鉴"。众僧立即应声说："咦"。"顾、鉴、咦"三字是云门的宗旨，必须深入参研，才能体会。

云门宗除了"云门三句"、"三字旨"，还有著名的"云门一字关"。云门的宗风孤危险峻，其接引学人片言只字，不用多语，故有"云门一字关"之称。

■ 十方诸菩萨像

一花五叶 禅宗门派

具体来讲，"云门一字关"指云门宗禅师化导学人时，惯常以简洁之一字说破禅之要旨。

■ 清代吴昌硕画作《十八罗汉图》（局部）

有僧人问文偃禅师："什么是正法眼？"

文偃禅师答："普。"

僧人又问："什么是云门剑？"

文偃禅师答："祖。"

僧人又问："什么是云门一路？"

文偃禅师答："亲。"

又问"什么是禅？"

文偃禅师答："是。"

这就是"云门一字关"。云门宗禅师常用一字，突然截断葛藤，斩断问者的转机，叫你无心可用，从而扫除你的一切执着，让你真心现前，见性成佛。

云门宗一字一语包含着无限的旨趣，即文偃禅师所说的"涵盖乾坤"。同时，云门宗接引学人的方法

正法眼 佛教用语，也叫正法眼藏，禅宗用来指全体佛法。朗照宇宙谓之眼，包含万有谓之藏。相传释迦牟尼在灵山法会以正法眼藏付与大弟子迦叶，是为禅宗初祖，为佛教以"心传心"授法的开始。

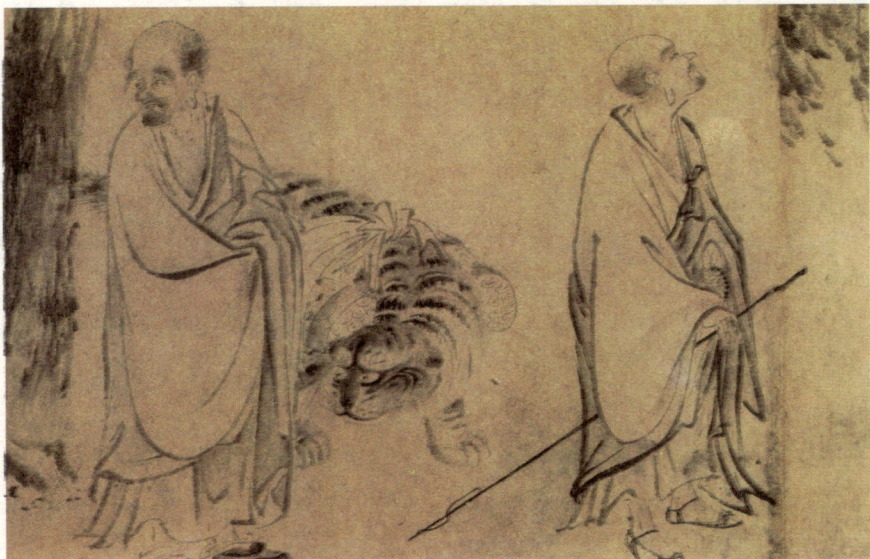

■ 罗汉行脚图

南汉高祖（889年~942年），原名刘岩，又名刘陟。五代十国时期南汉开国者，917年至971年在位。其兄刘隐为后梁南海王，割据岭南地区，逐渐坐大，刘隐因病去世后，刘岩在番禺称帝，建国号为"大越"，改年号为"乾亨"，定都番禺。次年，刘岩改国号为"大汉"，史称南汉。

又是"截断众流"，不容拟议，让学人无路可走，这对悟性较低的学人很不相宜，因此使得云门宗承袭困难。

文偃禅师言行无惧，开一宗门风。一天，他对学生们提起一则往事："从前，释迦降生时，一手指天，一手指地，说：'天上天下，唯我独尊。'"

文偃禅师接着说："如果我当时在场，老僧一棒子打死他，拿去给狗吃，图个天下太平。"

对佛祖不仅要一棍子打死，还要拿去喂狗，这话何等刻毒！但此说正是要打破对外界的迷信，引导学人内省顿悟，自成佛道。

这种先引出一段古事，然后对这段古事进行言外参异，或颂古评唱的方式，后来成为禅宗提示和参究的一种法门，而这种形式开创者，就是文偃禅师。

文偃反对盲目行脚游方，强调佛法就在身边，这种思想，包含了安于目前、保身安命的处世哲学，这正好迎合了南汉刘氏保境息民的治国思想。因此，云门宗的独特禅法引得了南汉帝刘氏钦崇。南汉高祖、中宗都十分信敬文偃，给予文偃最高的礼遇。

文偃曾被两代南汉帝诏入内宫说法，这不仅扩大了云门宗的影响，更赢得了南汉帝对佛教的大力支持，佛教几乎成了南汉的国教，从而促进了佛教在岭南的发展。

云门文偃的得法弟子中，法系较为兴盛的有德山缘密、双泉师宽、香林澄远、洞山守初等。其中云门弟子中最上首者为香林澄远。

香林澄远原是文偃禅师侍者。文偃禅师常常呼唤为"远侍者"，等到澄远答应，文偃禅师问他："是什么？"这样过了18年，澄远才省悟其中的道理。

行脚 又作游方、游行，指僧侣无一定的居所，或为寻访名师，或为自我修持，或为教化他人而广游四方。云游四方的僧人，即称为行脚僧。寺院丛林也以"云水僧"来雅称云游四方居无定所的僧人。

■ 十方佛图

罗汉修炼图

后来澄远辞别云门以后，回到自己的故乡四川，住在青城香林院，上堂开法，教化众人达40年之久。他承袭了文偃禅师的门风，其接人语句完全继承了文偃禅师的风格。

澄远的弟子智门光祚也是以门风险峻著称于世。光祚的法嗣有雪窦重显、延庆子荣、南华宝缘等30余人，雪窦重显时的宗风最为兴盛，号称云门中兴。

在雪窦重显时，由于云门宗风接引学人的方法"截断众流"，不容拟议，让学人无路可走，致使学人渐少，重显不得不改变宗风，渐渐融合于他宗。

云门宗兴起于五代，北宋较盛，曾与临济宗不相上下，但不久即衰微不传，法脉延续了200年左右。

阅读链接

佛教在岭南繁盛与南汉帝对佛教的大力支持密不可分，据不完全统计，南汉时期，广东各地新建的佛寺有45所，尤其是南汉都城兴王府即今广州，新建佛寺为全省各地之冠。

南汉皇族内部对佛教也十分崇信，甚至有皇族女子出家为尼。《大明一统志》称："净慧寺在府城西，南汉宗女于此为尼，建千佛塔。"朝廷还大力支持寺院广置寺产。在刘氏的大力倡导下，广东各地建佛塔，舍庄田，蔚然成风。可以说，在岭南佛教发展史上，南汉佛教之盛并不亚于盛唐。

文益禅师开创法眼宗

　　青原行思禅师后形成曹洞、云门、法眼三宗，法眼宗为最后创立的一支。法眼宗的开创者是唐末五代时的文益禅师。文益俗姓鲁，于885年生于余杭，7岁时在淳安智通院出家，20岁时在绍兴开元寺受

■ 各种各样的罗汉塑像

■ 佛教力士雕像

戒，后来前往育王寺跟随僧人希觉学律。

在学习佛法的同时，文益还研究儒家典籍。当时南方禅学兴盛，文益便南下来到福州长庆院向慧稜禅师学习。学习一段时间后，文益感觉无所获，就与其他僧侣结伴，赴远方参学。

路过漳州时，正逢大雪，于是暂住在城西的地藏院。在烤火取暖时，地藏院的方丈桂琛禅师问他："你去哪里？"

文益回答道："我只是行脚罢了。"

桂琛禅师问："什么是行脚？"

文益回答道："不知道。"

桂琛禅师又说："不知最亲切。"

雪停后，文益辞别桂琛禅师准备登程。桂琛禅师送他到门口时，突然问："你曾说三界唯心，万法唯识，现在请告诉我庭下的那块石头是在心内，或是在心外呢？"

文益答道："在心内。"

桂琛禅师说："你这位行脚之人，为什么要把这样一块大石头放在心中呢？"

这话把文益说得窘极了，他便放下行李，决心留下来，向桂琛禅师讨教。

每天当文益提出新见解时，桂琛禅师都说："佛法不是这样的。"

最后，文益只得对桂琛禅师说："我已经辞穷理绝了。"

这时，桂琛禅师便说："以佛法来论，一切都是现成的。"

听了这话，文益恍然大悟，心中对佛法的理解一下子豁然开朗了。既然一切都是现成的，还谈什么"唯心"与"唯识"，那心中的一切不是自然就放下了吗，人不是自然就解脱了么！由此，"一切现成"一语，后来成为法眼宗徒参禅时的重要"话头"。

文益在地藏院与同行者洪进、休复、绍修等人投依桂琛禅师，虔诚参谒，勤奋修学，皆得契悟。在参悟桂琛禅师的佛法禅理后，文益又与众人行历临川，即今江西抚州以西地区，当时的州牧招请文益主持崇寿院，在临州崇寿院弘扬佛法。

文益爽快地答应下来。开堂说法这天，文益口若悬河，对质疑问题解惑无碍，深受众僧诚服，说法之后，文益的名声四方传开，前来向文益请益受教者十分多，常以千计。

地藏 地是大地，也是"地大"。地能担当一切，一切崇山峻岭，万事万物都在地上。比喻菩萨的功德，能为众生而荷担一切难行苦行。藏是含藏、伏藏义。地藏菩萨像大地一样，能含藏种种功德，能引生一切功德，难行苦行，救度众生，故名地藏。世俗有称为地藏王，经中只名地藏。

一花五叶

禅宗门派

■ 佛教禅师古画像

晚年的文益深受南唐烈祖李昇的敬重，先后在金陵报恩禅院、清凉寺开堂接众。当时由于金陵在五代宋初战乱较少，百姓文化水准较高，文益的禅法思想得到较大范围传播，李昇由此赐号"净慧"。

文益禅师宣讲禅法理要，总以眼为先。他认为万物以"识"为先，而识物者是眼睛。他曾有一首《三界唯心》歌，题标为心，实际指眼。其歌词是：

三界唯心，万法唯识。

唯识唯心，眼声耳色。

色不到耳，声何触眼。

眼色耳声，万法成办。

万法非缘，岂观如幻。

大地山河，谁坚谁变。

154

淡定人生

禅宗历史与禅学文化

■ 古代《大方便佛报恩经》

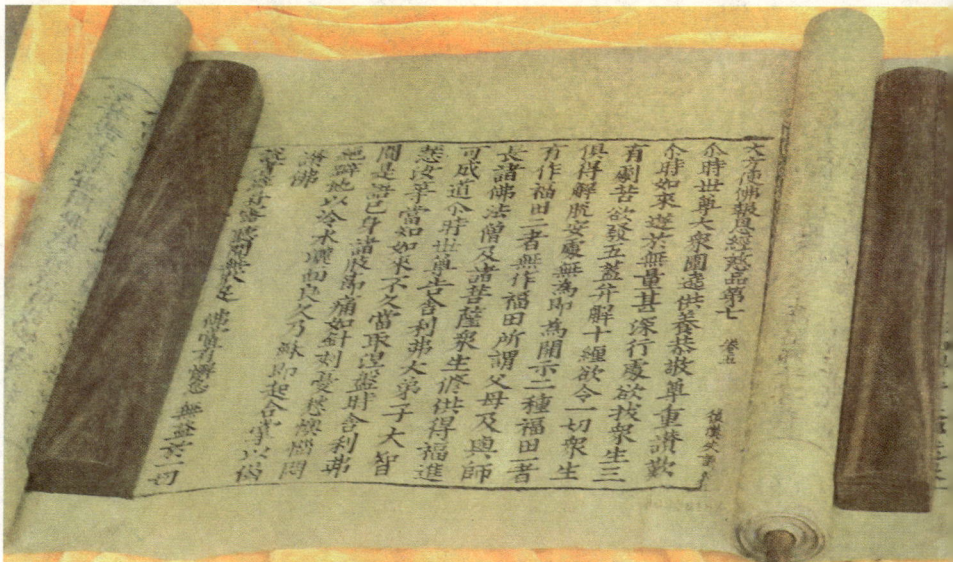

后周世宗时的958年12月5日，文益圆寂。南唐中主李璟赐谥其为"大法眼禅师"，其所开禅宗法系因而得名法眼宗，文益被后人尊为法眼宗之祖。

法眼宗深受华严宗教义影响，并以之阐明禅宗的基本主张，提出"真如一心"，即华严宗所谓的"总相"，视"心"为最高精神性本体，表现出"禅教兼重"的趋向。因此，法眼宗在所有佛家各宗派中，特别和儒家声气相投，由此得到了宋代理学家朱熹的大力褒扬。

文益提出"理事不二，贵在圆融"和"不著他求，尽由心造"的主张，以"对病施药，相身裁缝，随其器量，扫除情解"，概括其宗风。

文益认为，真正的悟解，就是你看万物时，不再是用肉眼，而是透过真如之眼，这叫法眼，或道眼。

一次，庙里打井，有沙子塞了泉眼。文益问僧徒

一花五叶

禅宗门派

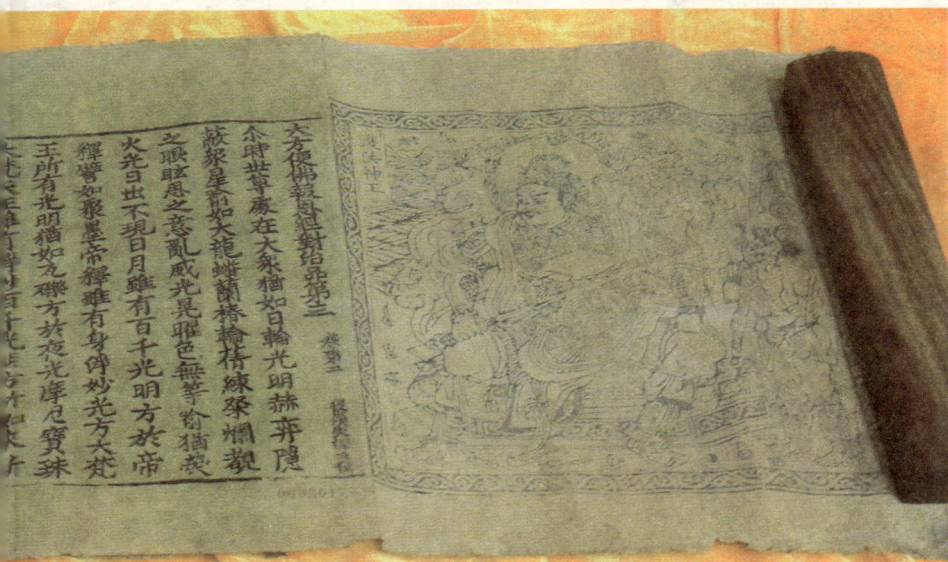

们："眼沟不通，是因为被沙塞住了；可是，道眼不通究竟是被什么塞住呢？"

僧徒们都无话以对，他便自答说："只是被眼所阻碍罢了。"

有一次，文益与南唐中主李璟谈论佛道之后，一起观赏牡丹花。李璟敦请文益作首偈子，文益当下诵道：

拥绒对芳丛，由来趣不同。

发从今日白，花是去年红。

艳冶随朝露，馨香逐晚风。

何须待零落，然后始知空。

李璟听后，心领神会，顿解禅师之意。

文益著有《宗门十规论》、《华严六相义颂》、《三界唯心颂》，阐明"理事不二，贵在圆融"和"不著他求，尽由心造"以及"佛法现存，一切具足"等思想。

宋真宗年间僧人释道原的《景德传灯录》辑有《大法眼文益禅师

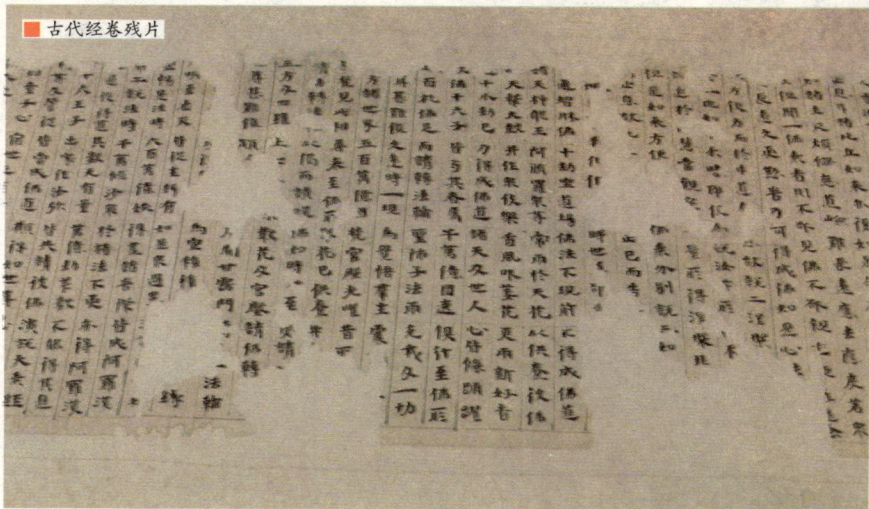

■ 古代经卷残片

语录》，其中记载了许多公案，可以看出法眼宗的教义。

文益禅师的弟子众多，嗣法弟子有63人，其中以德韶、慧炬、文遂等14人最为优秀。高丽僧人曾来向他学习，得法者有36人，法眼宗后来传到朝鲜半岛，长盛不衰。

德韶是处州龙泉人，15岁时出家，出家之后，曾参拜过50多位高僧大德，虚心问道，然而始终未能契悟。最后来到临川，谒见法眼宗文益禅师，但也倦于参问，只是随众而已。

■ 古画上的修道僧人

有一天，文益上堂，有僧人问："如何是曹溪一滴水？"文益说："是曹溪一滴水。"一旁的德韶听到这句话，豁然开悟，以前的种种疑惑，涣然冰释。

不久之后，德韶游天台山，在白沙停留，当时的吴越台州刺史钱弘俶常常延请德韶弘法。钱弘俶于948年继承吴越王位后，遣使迎请德韶，尊为国师，并请其开堂说法。

德韶有法嗣49人，以延寿为上首。延寿俗姓王，字仲玄，号抱一子，浙江临安府余杭人。自幼天资过人，最初学习儒家经典，曾任余杭库吏，后升任华亭镇将，督纳军需。

王仲玄天生慈悲心肠，30岁左右时，他来到明州

吴越　春秋吴国、越国故地的并称，也泛指现在的江苏南部、上海、浙江、安徽南部、江西东北部一带地区。历史上，吴与越是"同音共律，上合星宿，下共一理"。另外，吴越民系是古老的江东民系，共同缔造了这片地域，创造了辉煌的吴越文化。

四明山龙册寺翠岩禅师处剃度出家，法名延寿，字智觉。

出家后，延寿朝夕劳作，布衣蔬食，生活十分淡泊。在龙册寺住了一些日子后，延寿前往天台山德韶禅师处参禅悟道。

在德韶的引导下，3年过后，延寿尽得法眼宗旨，佛学修养与禅定功夫大增。后周太祖广顺年间的952年，延寿前往奉化雪窦寺任住持，开展弘化事业，讲授禅学法要和净土理论。

跟从延寿学习禅学与净土学问的人很多。在弘法的同时，延寿开始着笔著书。在雪窦寺，延寿完成了《宗镜录》的初稿。

宋太祖建隆年间的960年，吴越忠懿王下诏邀请延寿前往杭州，主持复兴灵隐寺的工作，延寿遂应邀前往。

经延寿努力，新灵隐寺重建殿宇1300余间，四面修上围廊，从山门直到方丈室，左右相通，上下相连，灵隐寺因而大兴。之后，延寿又奉诏在钱塘江建六和塔，建好后，塔身9级，高50余丈，秀美庄严。

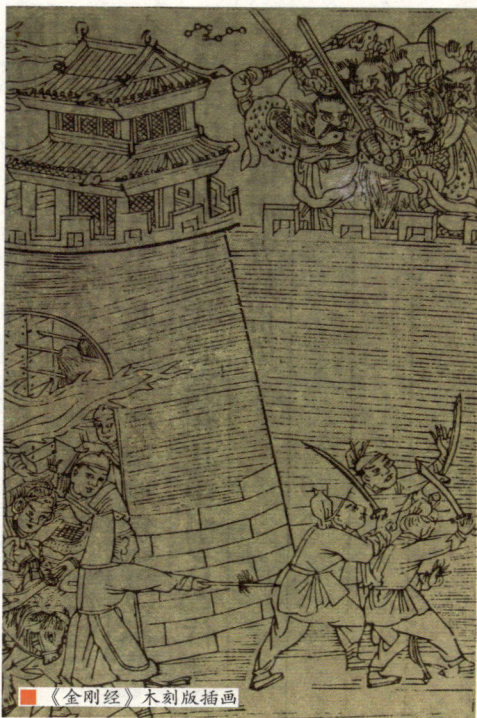

《金刚经》木刻版插画

961年，延寿前往永明寺弘法，座下2000余人，法席鼎盛。在此期间，高丽，即朝鲜国王仰慕禅师，派遣使者送书信，叙弟子之礼，并派36位僧人前来学习。他们均受到了禅师的传授，先后回到本国，各自教化一方，法眼宗也因此盛行海外。

延寿禅师住在永明共计15年，度弟子1700余人。法嗣有

布袋和尚木雕像

富阳子蒙、朝明院津两人。法眼宗接化学人的言句似乎很平凡，而句下自藏机锋，有当机觌面能使学人转凡入圣的机用。

法眼宗为禅宗五家中最后创立的宗派，文益、德韶、延寿三世，嫡嫡相传，在宋初极其隆盛，后即逐渐衰微，到宋代的中期，法脉就断绝了，延续时间不到百年。

阅读链接

延寿禅师原名王仲玄，是个具有慈悲之心的人。他每次看见集市上活蹦乱跳的鱼虾飞禽，都顿生慈悯之心，买来后放生。30岁那年，他擅自动用库钱买鱼、虾放生，没想到事情败露，他被判处死刑。

在押赴刑场执行死刑时，王仲玄镇静自若。吴越文穆王知道他擅用库银并无一文私用，同时也赞许他的慈心善举，便将他特赦释放，并劝其投明州四明山龙册寺翠岩令参禅师剃度为僧。从此世上没有了王仲玄，而多了个延寿禅师。

延寿禅师倡禅净双修

禅宗历史与禅学文化

延寿禅师在永明寺居住长达15年之久，这期间他完成了一生中许多重要事项。由此，延寿大师又被称为"永明和尚"。

吴越忠懿王极为器重永明的德行，诏赐名号为"智觉禅师"，"永明延寿大师"的名声也因此远扬四方。

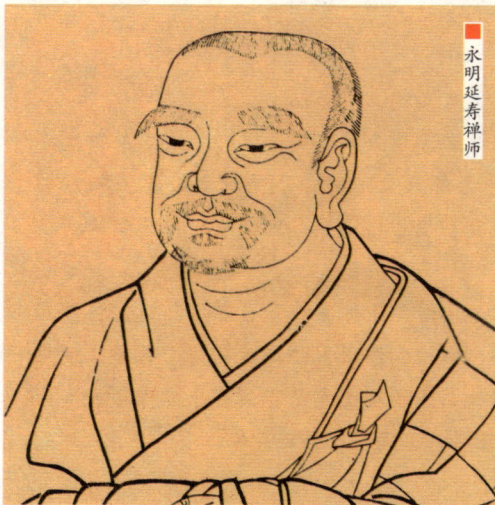

永明延寿禅师

延寿禅师在永明寺时，除了修行、弘法之外，也注重于将自己的修行体验与对佛学的研究心得，整理成文字。数量达100卷之巨的《宗镜录》即是在此时定稿刊行的。

延寿禅师继承发扬了文益禅师"三界唯心"的思想，"举一心为宗，照万法

一花五叶

禅宗门派

如镜"，《宗镜录》由此义而立名。

《宗镜录》文章博引教乘，说明一切法界，十方诸佛、菩萨乃至一切众生皆同此心，悟语自心就能顿成佛拥有的智慧。

在《宗镜录》的问答卷里，延寿用连绵不断的问答形式，罗列了天台、贤首、慈恩等宗的教理，并于引证章中，旁征博引了大乘经典120种，西天东土诸祖法语120种，贤圣集60本，共计300种言说，目的是诠释延寿所倡导的禅教同佛说。

延寿认为在"此宗镜内，无有一物而非佛事""生老病死之中尽能发觉，行住坐卧之内俱可证真"。简而言之，用一句话概括：平常心就是道。

延寿主张"祖佛同诠"、"禅教一体"的思想。在书中，他引经据典，广集佛言祖语，旨在说明一切事理皆本一心，性相圆融，佛法一致，各宗所行的教

忠懿王（929年~988年），钱俶，初名弘俶，小字虎子，改字文德，五代十国时期吴越的最后一位国王。后晋开元年间为台州刺史，后被立为吴越国王。宋太祖赵匡胤平定江南，他出兵策应有功，授天下兵马大元帅。后入宋廷，仍为吴越国王。

净土宗 汉传佛教十宗之一。根源于大乘佛教净土信仰，专修往生阿弥陀佛净土之法门而得名的一个宗派。其发源于江西省九江市庐山东林寺。始祖是东晋高僧慧远，唐代的善导大师也是净土宗的重要倡导与推动者，被奉为净土宗第二代祖师，后有承远、法照等净土宗十三祖。

法，最终都归"心宗"，所有佛陀所教的行法都能圆融互通，正和《宗镜录》卷二十四中说的"此宗镜中，无有一法而非佛事"这一道理相契。

在永明寺，延寿还撰写了其他的著作，如《万善同归集》6卷、《神栖安养赋》、《唯心决》、《受菩萨戒》、《定慧相资歌》、《警世》等书。

唐中期以来，净土宗之人批评习禅法之人执理迷事，不重实践，如《十疑论》等作指斥禅宗的偏见。而禅宗中人有所省悟，如南阳慧忠提倡行解兼修，百丈怀海制定禅林清规等。

在延寿之前，中唐时期的宗密已经在这方面做出了表率。宗密在《禅源诸诠集都序》中，提出和阐发禅教统一的主张。

从广义上看，华严禅是宗密所代表的以真心为基础，内融禅宗之顿渐两宗、佛教之禅教两家，外

■ 五台山永明寺

融佛教和儒道两教的整合性的思想体系。这一体系的最核心的融合内容，是华严宗和菏泽禅的融合，宗密以菏泽思想释华严，又以华严思想释菏泽禅，视两者为完全合一。

就狭义而言，华严禅体现出融华严理事方法论、理事分析和理事无碍的方法入禅的禅法。

不论是狭义或广义地理解，华严禅体现出的一个核心特征是融合，不同思想流派之间的交流、沟通的整合。在禅宗的五家中，对于华严宗理事方法的运用非常普遍。这种方法，可以说是狭义的华严禅，是融教入禅。

延寿认为以空有相成为旨，期于自性成佛，亦须兼修万善行门。他提出的"禅净四料简"作为后人参学的依据：

> 有禅无净土，十人九蹉路，阴境若现前，瞥尔随他去。
> 无禅有净土，万修万人去，但得见弥陀，何愁不开悟。
> 有禅有净土，犹如戴角虎，现世为人师，来生作佛祖。
> 无禅无净土，铁床并铜柱，万劫与千生，没个人依怙。

"禅净四料简"旨在说明禅净双修是最理想的修持法门。这种禅净双修的主张给予当时佛家一大启示，后代禅师如天衣义怀、慧林宗本等，亦有此共鸣。因而在元、明之后，禅净双修成为我国佛教的一大特色。

延寿倡导并身体力行禅净双修行法，在杭州南屏山顶，以诵念万

济公禅师

声佛号作为每天的功课。据说，山下听到他的念佛之声，好像天乐鸣空，门人都学其风范。

延寿大师的佛学思想会宗各家之说。他将密教之密行及法相宗、三论宗、华严宗、天台宗等诸学说及净土理论融合为一。此等倡举，开我国佛教历史先河，遂成一时之风气，为后来佛门诸宗并合修学做出了表率。

延寿大师尽管和合诸宗，但出发点仍然是禅宗的，其法眼一门的家法处处可见。

北宋开宝年间的974年，年事已高的延寿大师再次回到久别的天台山，在山上智者岩开坛传授菩萨戒，一时引来约1万余求受戒者。这也是他最后一次主持大型的传戒法会。

在天台山开坛授戒后，延寿自知世缘无多，便闭门谢客，专心念佛。975年阴历十二月二十六日，延寿大师晨起之后，焚香礼佛，然后静坐辞世。

淡定人生
禅宗历史与禅学文化

阅读链接

据《永明智觉法师传》记载，延寿大师在天台山德韶禅师处修学期间，曾于禅观朦胧之中见到观音菩萨以甘露灌其口，因而获大辩才。又于中夜经行时，忽觉普贤菩萨的莲花在手。

冥冥之中，延寿大师感于自己终身的修行趣向还没有决定，就在内心的感召下，登上智者岩，做了两个阄，一名"一心禅观"，一名"万善庄严净土"。冥心恳祷之后，历经7次，信手拈起的都是"万善庄严净土"那一阄。于是，他最终下定决心，从此开始一意兼修禅净双业。